海螺AI 短视频创作

全攻略 一键生成你的 视频大片

王占坤◎著

化学工业出版社

·北京·

内 容 简 介

本书是一本讲解海螺AI使用方法的教程，包括文生视频、图生视频、生成音乐的技巧。其中，利用海螺AI的问答功能，可以快速得到问题的答案或者解答思路，使工作事半功倍。书中通过大量的实例展示了海螺AI的详细应用，全方位地讲解了在掌握海螺AI的使用方法后，进行生成视频、生成音乐的完整流程。

本书共分为8章，第1章介绍海螺AI的基础知识，帮助初学者快速认识海螺AI；第2章介绍海螺AI提示词的写法，并结合多个案例来介绍输入提示词的技巧；第3章介绍文本生视频的技巧，通过实例来展示具体的操作方法；第4章介绍图生视频的技巧；第5章介绍利用海螺AI来创作音乐的方法；第6章介绍利用海螺AI来制作创意广告片的方法；第7章介绍利用海螺AI制作高燃动作片的方法；第8章介绍利用海螺AI来制作治愈风动漫视频的方法。

本书在文生视频、图生视频及生成音乐等方面的应用，突出了海螺AI的强大功能，特别讲述了利用海螺AI生成视频素材，再将素材导入剪映中进行编辑，最终完成热门短视频制作的过程。全书案例均配备视频教程，并赠送实例的素材源文件，方便读者边看边学，大幅提高学习效率。本书既适合AI工具的探索者和初学者使用，又适合具有一定AI工具使用经验的读者学习，同时本书也可以作为各大高校及相关培训机构的教材使用。

图书在版编目（CIP）数据

海螺AI短视频创作全攻略 ：一键生成你的视频大片 ／
王占坤著. -- 北京 ：化学工业出版社，2025. 5.
ISBN 978-7-122-47925-9

Ⅰ. TP317.53

中国国家版本馆CIP数据核字第20255LQ501号

责任编辑：王婷婷　　　　　　　　　　　封面设计：昇一设计
责任校对：王　静　　　　　　　　　　　装帧设计：盟诺文化

出版发行：化学工业出版社（北京市东城区青年湖南街13号　邮政编码100011）
印　　装：天津市银博印刷集团有限公司
710mm×1000mm　1/16　印张13　字数251千字　2025年7月北京第1版第1次印刷

购书咨询：010-64518888　　　　　　　　售后服务：010-64518899
网　　址：http://www.cip.com.cn
凡购买本书，如有缺损质量问题，本社销售中心负责调换。

定　　价：79.00元　　　　　　　　　　　　　　　版权所有　违者必究

前 言
PREFACE

　　海螺AI是MiniMax旗下的产品，是MiniMax基于通用大模型为用户打造的AI伙伴，可以帮助用户生成视频、生成音乐、创作文案、智能搜索等，也支持语音通话、快速获取信息与解决问题。

　　本书以海螺AI为基础，结合案例介绍利用海螺AI进行文生视频、图生视频、生成背景音乐的操作方法。

一、编写目的

　　在AI技术发展迅猛的当下，利用AI技术创作图片与视频已经变得相当容易。AI技术，为人们的工作和生活带来了极大的便利，AI技术也成为时下最热门的话题之一。基于海螺AI强大的创作能力，我们力图编写一本教程，介绍文生视频、图生视频、生成背景音乐的方法和技巧。通过结合当下的热点视频类型，帮助读者逐步掌握并能灵活使用海螺AI来创作视频。

二、本书内容安排

　　本书共分为8章，精心安排具有针对性的案例，不仅讲解海螺AI的基本使用技巧，还帮助读者开拓剪辑思维，从文生视频、图生视频、生成背景音乐、实战应用等方面，手把手带领读者走进海螺AI创作的多彩世界。本书不仅内容丰富，涵盖面广，还可以帮助读者轻松掌握海螺AI的使用技巧和具体应用。本书的内容安排如下。

章　　名	内 容 安 排
第1章　海螺AI与短视频创作	本章介绍海螺AI的基础知识，帮助初学者快速认识海螺AI
第2章　海螺AI提示词的写法	本章介绍AI提示词的写法，并结合多个案例来介绍输入提示词的技巧
第3章　通过文本生成视频	本章介绍文本生视频的技巧，通过实例来展示具体的操作方法
第4章　通过图片生成视频	本章介绍图生视频的技巧
第5章　使用AI生成背景音乐	本章介绍利用海螺AI来创作音乐的方法
第6章　制作创意广告片	本章介绍利用海螺AI来制作创意广告片的方法
第7章　制作高燃动作片	本章介绍利用海螺AI制作高燃动作片的方法
第8章　制作治愈风动漫	本章介绍利用海螺AI来制作治愈风动漫视频的方法

三、本书写作特色

本书以通俗易懂的文字，结合精美的创意实例，全面、深入地讲解了海螺AI的使用方法。总的来说，本书有如下特点。

· 由易到难，轻松学习。

本书以海螺AI为基础，以剪映为辅助手段，在学习操作技能的同时也能接触不同类型的案例，不仅可以提升读者的操作技能，也能拓宽读者的知识面。

· 全程图解，一看即会。

全书使用全程图解和示例的讲解方式，以图为主，以文字为辅。通过这些插图，帮助读者易学易用、快速掌握。

· 知识点全，一网打尽。

除了基本的操作技巧介绍，本书还安排各种理论知识，帮助读者理解不同的概念，从而在剪辑的过程中更加得心应手。本书可以说是一本不可多得的、能全面提升读者AI创作技能的练习手册。

四、配套资源下载

本书的相关视频可扫描书中相关位置的二维码直接观看。本书的配套素材、教学文件请根据封底提示进行下载。

如果在配套资源的下载过程中碰到问题，请联系陈老师，联系邮箱chenlch@tup.tsinghua.edu.cn。

五、作者信息和技术支持

本书由王占坤编写。在编写本书的过程中，我们以科学、严谨的态度，力求精益求精，但疏漏之处在所难免，如果有任何技术上的问题，请联系相关的技术人员进行解决。

本书为2024年黑龙江省高等教育教学改革研究项目"AI时代绘画'教'与'学'新路径实践研究——以绘画专业课程为例"（课题编号SJGYB2024771）研究成果。

著　者

目录
CONTENTS

第 1 章 海螺 AI 与短视频创作

在AI技术发展日趋成熟的当今，利用AI创作短视频已经变得非常普遍。AI工具的简单易学让初学者更加容易上手，利用AI技术创作的作品风格多样，贴近大众生活，受到许多人的追捧和青睐。本章介绍海螺AI的相关知识，这是一款国产的AI工具。

1.1 AI赋能短视频创作

在AI技术尚未出现之前，一个视频的制作需要经历拍摄、剪辑、配音等多个环节，根据视频的性质或长短，所耗费的人力、物力不等。当AI技术出现后，在AI大模型的加持下，可以输出制作视频所需要的素材，或者直接创作一个完整的视频。AI技术缩短了视频制作的时间，也节省了许多人力、物力的消耗，成为制作视频不可或缺的方法之一。

1.1.1 AI在视频创作中扮演的角色

AI技术在视频创作中扮演了多种角色，如辅助创作、生成内容、优化制作流程和提高效率等。

1. 辅助创作和生成内容

AI可以通过深度学习和自然语言处理技术，辅助创作者进行内容创作。例如，AI可以生成与创作者风格相似的文本、视频和音频内容，极大地提高了内容创作的效率和多样性。此外，AI还可以参与剧本创作和角色设计，通过分析大量数据和预设规则，生成具有创意的剧本和角色设定。

2. 优化制作流程和提高效率

在视频制作过程中，AI可以显著提高工作效率。例如，AI可以帮助审查影片内容，提前规避违反规则的内容，从而减少人力成本和缩短工作时间。AI还可以自动完成一些基础性的剪辑和后期制作工作，包括剪辑视频、制作PPT和生成字幕等，减少了人力消耗，加快制作进度，节约经济成本。

此外，AI数字人的应用，如虚拟演员和数字主持人，可以在不需要真人参与的情况下完成部分拍摄和主持工作，进一步降低了制作成本。

1.1.2 AI在视频创作中的具体应用

在视频创作中，AI可以用于制作视觉特效、生成视频，以及造型设计、配音、配乐等方面。

1. 视觉特效

在影视特效的制作中，AI技术通过深度学习和计算机视觉技术，能够自动识别和跟踪场景中的物体，实现高效的特效合成。在3D影片中，AI技术被用于模拟真实的水面波动、火焰燃烧等复杂的场景，大大提升了影片的视觉效果。同时，AI技术还能通过算法优化，提升特效制作的效率，减少经济成本。

2．视频生成

AI大模型及产品逐渐成为视觉行业的新基建和新工具，极大地提升了制作效率。使用AI进行视频生成，展示了AI在模拟物理世界、创造独特视觉效果方面的强大能力。

3．造型设计

AI技术在影视内容创作各环节的渗透率正在持续提升。AI大模型可以在两分钟内生成多个朝代的角色妆造图片，极大地提升了设计效率。

4．配音和配乐

AI配音技术可以根据文本内容生成逼真的语音，为人们提供清晰、流畅且富有表现力的声音。企业可以根据需求选择不同年龄、性别和特点的音色，无须依赖配音演员和录音设备，从而提高制作效率并降低成本。此外，AI还可以自动选择和生成适合视频内容的背景音乐，提升整体的视听效果，在保证视频质量的同时最大限度地将人力、物力降到最低。

1.1.3　常用的AI视频创作工具

AI视频创作工具有多种，各具特点，下面介绍常用的几款。

1．Vidu AI

Vidu AI的主页如图1-1所示，提供参考生视频、文生视频以及图生视频等多项功能。可以参考现有模板生成视频，也可以上传图片、输入提示词生成视频。

图1-1

2. 可灵AI

可灵AI的视频生成页面如图1-2所示，提供文生视频、图生视频两种方式，利用提示词和图片创作视频。用户可以自定义视频的画质、时长，以及生成的视频数量。

图 1-2

3. 即梦

即梦主页如图1-3所示，提供AI作图、AI视频及AI音乐三项功能。在"AI视频"创作界面中，包含"视频生成"与"故事创作"两个部分，方便用户构思与创作。

图 1-3

4. 录咖

录咖主页如图1-4所示，支持用户利用文本、图片生成高质量的视频。此外，录咖AI通过在线录屏和剪辑功能，一站式满足用户的AI创作需求。

图 1-4

5. HiDream.ai

HiDream.ai主页如图1-5所示，提供AI图片生成、AI视频生成两部分内容。在"AI视频生成"界面中，支持文本生成视频与图片生成视频，同时支持视频画质增强至4K级别。

图 1-5

1.2　初识海螺 AI

本节介绍海螺AI的相关内容，帮助新手用户认识海螺AI，包括海螺AI的核心功能及使用教程，为后续的学习打下基础。

1.2.1　海螺AI的诞生

海螺AI是由上海稀宇科技有限公司（MiniMax）自主研发的人工智能助手。MiniMax是一家专注于大模型技术的初创公司，成立于2021年，并获得了多家知名投资机构的支持。

随着人工智能技术的快速发展，市场对高效、高质量的AI工具需求日益增加。MiniMax看到了这一趋势，特别是2D动画市场的需求，推出了海螺AI，旨在为创作者提供强大的工具支持。

1.2.2　海螺AI的核心功能

海螺AI是由MiniMax开发的智能助手，具备多种核心功能，旨在提升用户的工作和学习效率。以下是海螺AI的主要功能。

1. 多模态交互

语音通话：支持自然、流畅的语音对话，用户可以选择不同的语速和声音效果，甚至可以克隆自己的声音录成音频，作为视频配音或者最终制作成音乐作品。

文本输入：用户可以通过文字与海螺AI进行交流，适用于各种查询和指令，海螺AI根据用户的问题，提供解答或者介绍相关资料。

2. 智能搜索与信息查询

智能搜索：能够快速搜索并为用户提供相关的信息，支持企业信息、金融数据和学术研报等内容的查询。

数据查询：提供免费的数据查询服务，帮助用户获取所需的信息，支持在线复制，实现一键搬运。

3. 长文本处理

快速阅读：支持用户上传多种格式的文件（如PDF、TXT、DOC等），并能快速提炼出关键信息和总结，为用户提供指导性意见。

长文分析：具备处理超长文本的能力，能够在短时间内分析大量信息，为用户提纲挈领地拎出要点，方便用户使用。

4. 内容创作

智能写作：提供写作辅助功能，支持生成多种类型的文案，包括学术论文、工作报告、社交媒体内容等。根据用户输入的提示信息，可以自定义生成个性内容，避免与他人雷同。

图像识别与处理：可以识别图片中的信息，帮助用户解读图表和提取图像中的数据，方便用户根据数据进行创作或其他工作。

5. AI智能体

AI智能体：提供个性化的AI智能体服务，用户可以根据需求创建和管理智能体，以便进行更复杂的任务处理，节省用户搜寻、整理信息的时间，更高效地处理工作。

6. 其他功能

创意辅助：支持生成创意文案和音乐创作，帮助用户在创作过程中获得灵感和支持。用户还可以对创作结果进行调整、修改，在重复的创作中使作品趋于完善。

学习与教育：提供课程报告生成、知识点问答、作文辅导等功能，适用于学生和教育工作者。一对一的问答能更加高效地解决问题，缩短用户处理问题的时间与质量。

1.2.3　海螺AI使用教程

登录海螺AI的主页，在界面的右上角单击　按钮，如图1-6所示，打开使用教程文档。

图 1-6

在教程文档中，提供了海螺AI文生视频使用教程、图生视频使用教程及相关的知识点介绍，如图1-7所示。通过图文并茂、视频的方式向用户介绍创作视频的方法。

图 1-7

在图生视频的系列内容介绍中，叙述提示词的输入公式，如图1-8所示，包括基础公式与精确公式。这些内容可以帮助用户循序渐进地理解、学习并最终学会运用提示词生成视频。

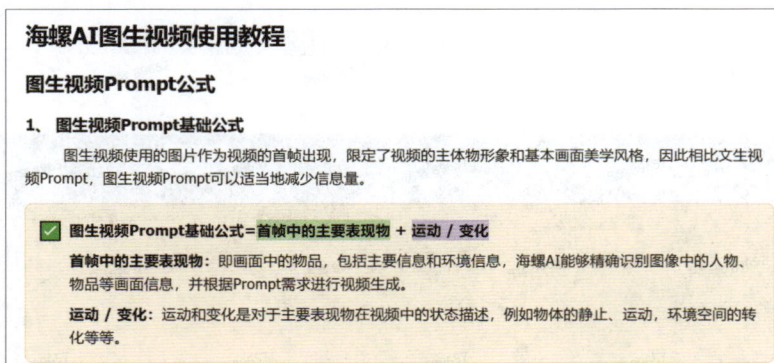

图 1-8

在模型优势的内容介绍中，如图1-9所示，讲解了在创作的视频中控制人物表情、创作影视级别的爆炸特效，以及将多种不同的物质、特征概念进行任意组合，创造所需影像画面的方式。

在综合使用案例的介绍中，如图1-10所示，介绍制作一条短视频的相关内容，包括镜头语言、情节需求，以及视频生成方式、生成结果等。

图 1-9

图 1-10

最后集成所有的视频片段，合成一个完整的成片，如图1-11所示。单击播放按钮，即可观赏最终的结果。

图 1-11

1.3   为什么选择海螺 AI

　　海螺AI有许多优点，选择它作为日常工作或生活、娱乐的辅助工具，能得到良好的体验与极大的帮助。本节介绍海螺AI的特点，帮助新手用户进一步了解海螺AI。

1.3.1   强大且轻量化的AI工具

　　海螺AI将工具集成在主页页面中，如图1-12所示，包括视频、问答及音乐。

图 1-12

　　在"精选"界面中，展示获奖的短片作品、用户的优秀作品，如图1-13所示。用户在观赏的同时，还能学习他人的创作方法，增长自己的经验，为构思创作思路时提供参考。

图 1-13

　　将鼠标指针放置在作品窗口之上，显示该作品的提示词，可以复制提示词，如图1-14所示，通过修改或润色提示词可以创作不同的作品。用户也可以单击"生成同款"按钮，以相同的提示词生成视频。需要注意的是，即使是相同的提示词，每次生成的结果也是不同的。

单击复制链接按钮，如图1-15所示，可以将剪贴板中的链接发送给他人，实现实时在线分享好作品。

图 1-14

图 1-15

海螺AI的主要功能如图1-16所示，分别是即时问答、生成视频以及音乐创作。功能被集成在页面中，用户可以按步骤提示来进行操作，创作具有自己个性特点的作品。

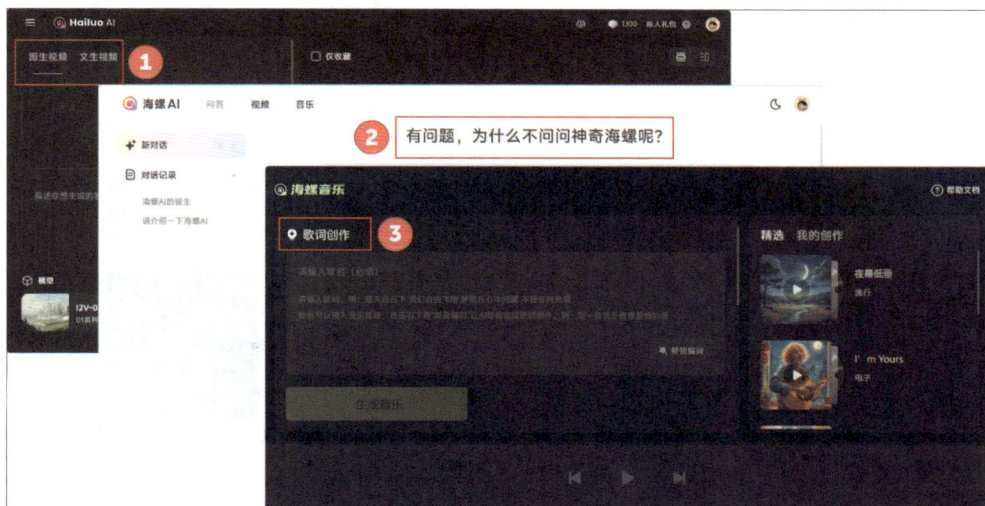

图 1-16

1.3.2　高效便捷的视频生成能力

在海螺AI的主页，有三个入口可以进入视频生成页面，分别是单击左侧列表中的"生成"选项、右上角的"快速生成"按钮，以及"海螺AI创意视频平台"

左下角的"即刻尝试"按钮，如图1-17所示。

图 1-17

进入视频生成页面后，单击"图生视频"按钮，上传一张图片，输入创意提示词，如图1-18所示。单击右下角的 30 按钮，即可开始生成视频，结果如图1-19所示。

图 1-18   图 1-19

单击"文生视频"按钮，输入提示词，在"模型"列表中显示默认模型，如图1-20所示。单击右下角的 30 按钮，即可开始生成视频，结果如图1-21所示。

用户可以继续生成同款视频，或者下载、分享及删除视频。

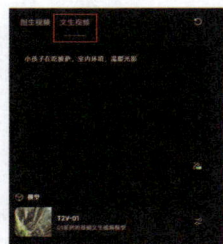

图 1-20   图 1-21

1.3.3　实用有趣的音乐创作能力

进入海螺音乐主页，如图1-22所示。在"歌词创作"文本框中输入歌名、歌词，在右侧列表中显示"精选"音乐，为新手用户提供参考。单击"我的创作"

按钮，显示创作历史。

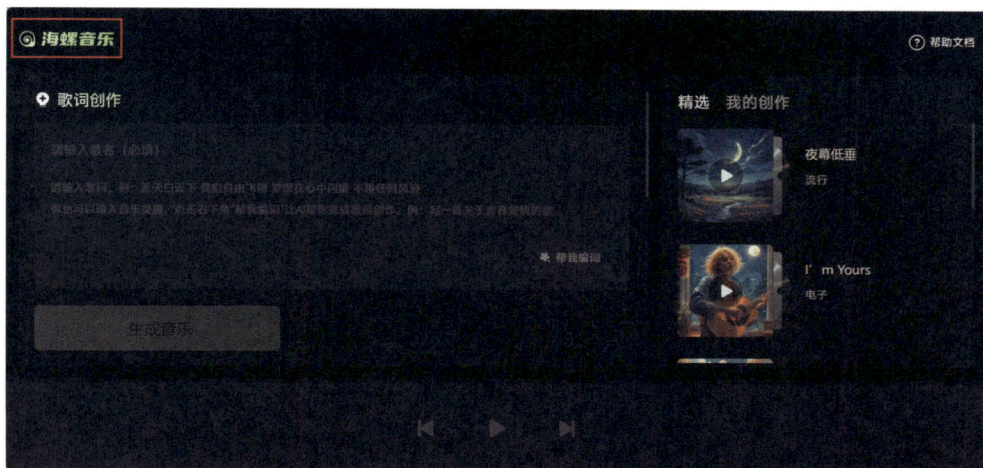

图 1-22

输入文本，如输入王维的诗句《少年行》，单击右下角的"帮我编词"按钮，如图1-23所示，AI模型会根据用户输入的文本来编写歌词。

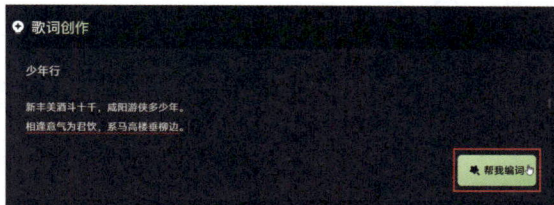

图 1-23

单击"帮我编词"按钮后，弹出如图1-24所示的提示框，单击"确定"按钮即可。稍等片刻，编写歌词的结果如图1-25所示。

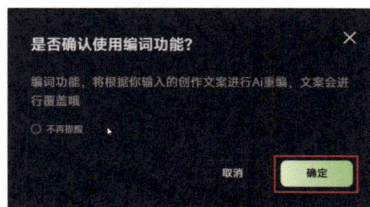

图 1-24

图 1-25

在"选择曲风"选项区域中显示了多种类型的歌曲风格，如流行、都市、摇滚及嘻哈等，选择其中一种，如"民谣"，如图1-26所示。

13

选择曲风后，在弹出的列表中选择曲风类别，单击"试听"按钮，如图1-27所示，可以试听该风格的编曲效果，满意的话就可以应用。

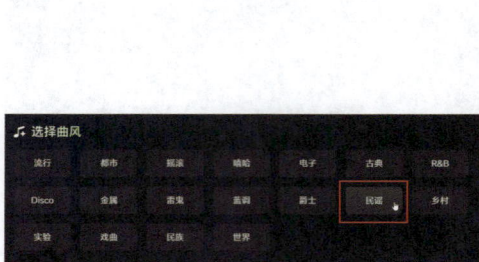

图 1-26

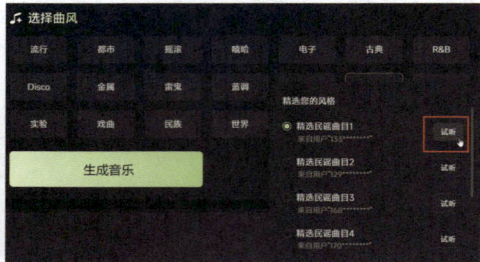

图 1-27

单击"生成音乐"按钮，AI模型执行生成音乐操作，如图1-28所示。编曲完成后，单击"播放"按钮，如图1-29所示，即可试听音乐的播放效果。如果不满意，可以重新填写歌词、谱曲，执行生成音乐操作。

图 1-28

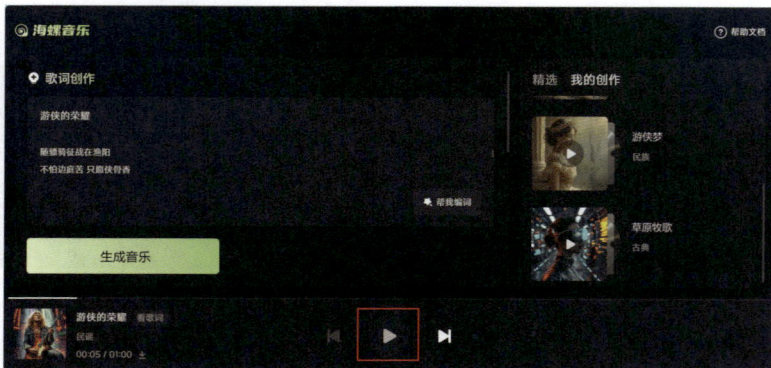

图 1-29

1.3.4　免费且优质的用户体验

海螺AI提供了多种免费功能，旨在为用户提供良好的使用体验。在1.2.2小节中介绍了海螺AI的核心功能，这些功能基本上都免费对用户开放。

除此之外，对于新注册的用户，海螺AI赠送1000贝壳，用户可以利用这些贝壳进行功能体验。生成一个视频需要耗费30贝壳，创作音乐功能目前免费开放。

在海螺音乐页面的右上角，单击"帮助文档"按钮，打开海螺音乐的学习文档，如图1-30所示。提供创作音乐的建议，帮助新用户熟悉功能的使用方法。

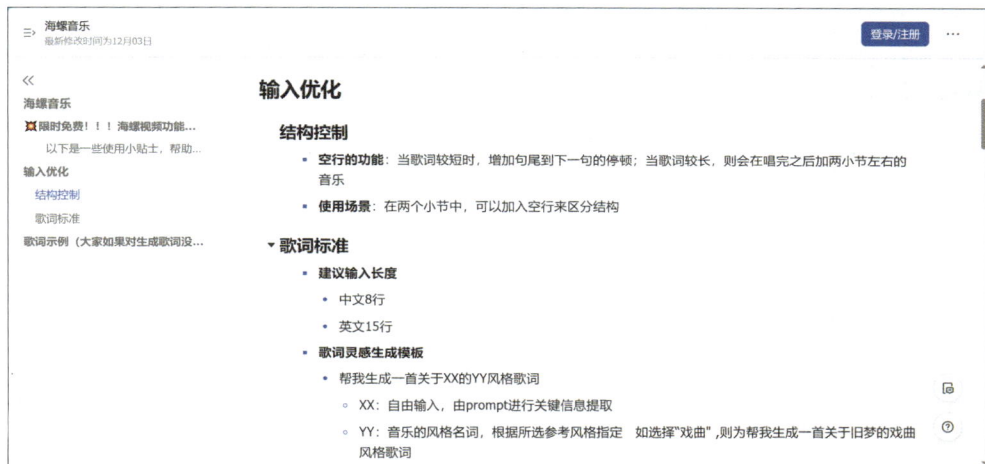

图 1-30

除了赠送1000贝壳，用户每日登录海螺AI主页，还享有额外赠送的贝壳。如果贝壳消耗完毕，就需要开通会员才能继续使用各项功能。

第 2 章 海螺 AI
提示词的写法

　　海螺AI通过识别用户输入的提示词来生成视频，包括在使用图生视频的功能时，用户在上传图片后，可以输入描述文本，以帮助AI模型进行创意输出。本章介绍编写提示词的方法，用户可以利用海螺AI的问答功能来获取输入提示词的灵感。

2.1 认识提示词

提示词是用户对AI模型下达的指令，为AI模型即将执行的操作提供指导。本节介绍提示词的相关内容，包括提示词的结构、基本要点及反向提示词的使用技巧。

2.1.1 什么是提示词

提示词能够指导AI模型开展工作，如生成图片、生成视频等。在海螺AI中，有"文生视频""图生视频"两种生成视频的方式，无论使用哪一种方式，都需要输入提示词。

1. 在"图生视频"模式下提示词的用法

选择"图生视频"方式，系统会提醒用户上传图片，并描述想生成的视频内容，如图2-1所示。单击右下角的按钮，如图2-2所示，AI模型会自动优化用户输入的提示词，使生成结果最优。

图 2-1

图 2-2

生成的视频如图2-3所示。在这里没有给小猫咪指定明确的动作，只是希望猫咪动起来。播放视频，窗外的雪花飞舞，猫咪也呈现出在观赏雪花的动态，画面流畅，与提示词相符合。

图 2-3

上传一张小猫咪睡觉的图片，在文本框中输入提示词，为小猫咪指定动作，如"小猫咪睁开眼睛坐起来"，如图2-4所示。稍等片刻，即可生成视频，如图2-5所示。

图 2-4　　　　　　　　　　　　　　　　　　图 2-5

播放视频，观看画面效果。在画面中，小猫咪先是睡眼惺忪地坐起来，再趴下，抬头睁着迷茫的眼睛看向一侧，如图2-6所示。系统没有按照提示词的顺序为小猫咪赋予动作，即先睁开眼睛，再坐起来。即使使用相同的提示词，每次生成的视频效果也不一样。

图 2-6

上传一张边牧坐在地板上的图片，不输入任何提示词，如图2-7所示。进入生成视频模式后等待几分钟，生成的视频如图2-8所示。

播放视频，可以看到，系统根据图片的内容，自行赋予了边牧动作。边牧先站了起来，走到角落后坐下，抬头仰望，身后的门也向左边推开，如图2-9所示。有时候不输入任何提示词，会得到意想不到的效果。

图 2-7   图 2-8

图 2-9

2. 在"文生视频"模式下提示词的用法

选择"文生视频"方式，直接输入提示词，如图2-10所示。查看生成的视频，如图2-11所示，视频画面包含了提示词所描述的内容，即长发女孩、金毛犬、公园、散步。

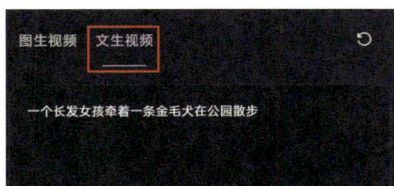

图 2-10   图 2-11

继续在简单描述的基础上添加形容词来限定画面，输入提示词"一个梳着辫子的黑发女孩，脸上洋溢着笑容，穿着运动服在海边跑步，海面上停泊着轮船"，如图2-12所示。

19

播放视频，可以看到画面中出现的元素基本和提示词吻合，女孩的外貌及身处的环境，都与文本描述一致，如图2-13所示。

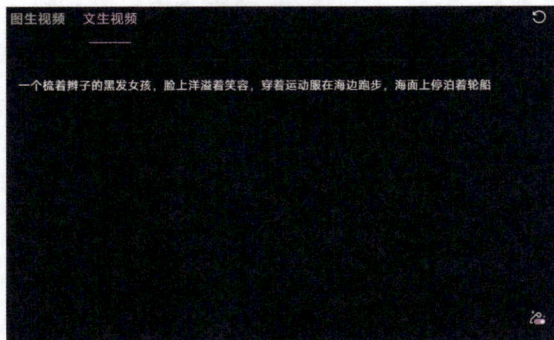

图 2-12

图 2-13

继续细化描述方式，输入提示词"镜头俯拍一片月光下的森林草地，镜头围绕一个史前怪兽旋转，然后镜头下降，捕捉怪兽的侧面，镜头继续环绕，从侧面滑过，逐渐拉近，捕捉到怪兽的侧脸，然后镜头绕到怪兽的正面，焦点逐渐集中在它的脸部特写上"，如图2-14所示。

等待几分钟，生成的视频如图2-15所示。

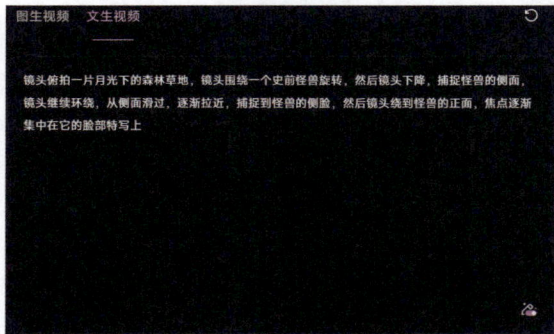

图 2-14

图 2-15

在提示词中添加镜头的动作描述，如俯拍、围绕、下降、环绕等。播放视频，可以看到随着镜头的运动，呈现出不同的画面效果，如图2-16所示。

需要注意的是，并不是每次的创作结果都能与提示词描述的一致。如果出现不一致的情况，需要用户再次生成，或者修改提示词。

图 2-16

2.1.2 提示词的公式

根据编写方式不同，可以将提示词的写法简要分为基础公式与精准公式两种。在基础公式中，包括完成动作的基本元素，如主体、空间、动作；在精准公式中，通过添加更多的形容词来描述画面内容，使得视频效果更加丰富多彩。

1. 基础公式

提示词的基础公式适合对视频没有指定镜头表现的需求，或者希望AI模型自行发挥创意的情况下使用。自由的提示词可以得到意想不到的创作效果。

> 提示词的基础公式=主要表现的对象（人/物体）+
> 场景空间（室内/室外）+动作（行为轨迹/变化）

主要表现的对象（人/物体）：指视频的主体。包括人物、动物、事物（房子、汽车、家具等），或者是想象的、虚构的对象，如精灵、神兽等。

* 场景空间（室内/室外）：指视频主体所处的空间，可以直白地指定某个空间，如家、学校、餐厅，也可以通过描述环境信息，帮助AI模型在创作的过程中营造氛围，在视频中呈现与描述词相近的场景。
* 动作（行为轨迹/变化）：指视频主体在空间中发生的动作行为，如主体行走、奔跑、坐卧等都属于动作的类型之一。

输入提示词"一个中国女孩在餐厅吃面"，生成的视频的画面效果如图2-17所示。在视频中，满足了提示词所涉及的内容，自动定义了餐厅的环境，使画面呈现出温暖的氛围。

输入提示词"一只公鸡在草丛中打鸣"，生成的视频的画面效果如图2-18所示。在视频中，公鸡在画面中走动，但是并没有做出打鸣的动作。这时，可以再次生成，或者在提示词中更加细致地描述"打鸣"这个动作，帮助AI模型更好地理解提示词。

图 2-17

图 2-18

输入提示词"一轮朝阳从海面上缓缓升起",生成的视频的画面效果如图2-19所示。在视频中,海洋和朝阳都出现在画面中,AI模型自动添加了一个人物在观赏朝阳。如果不希望AI模型在画面中添加额外的对象,可以在提示词中进行说明,或者以相同的提示词再次生成视频。

图 2-19

2. 精准公式

提示词的精准公式添加了镜头运动、画面效果等限定性描述,精准把控视频的生成效果,适合对视频结果有要求的情况下使用,可以创作质感更好的视频画面。

精准公式=主要表现的对象（人/物体）+场景空间（室内/室外）+动作（行为轨迹/变化）+镜头运动（拉远/推进）+场景氛围

- 镜头运动（拉远/推进）：通过限定镜头运动，可以把握视频画面的呈现方式，常见的镜头运动方式包括水平运镜、垂直运镜、拉远/推进、垂直摇镜、水平摇镜、旋转运镜等。不熟悉各类运镜效果的新用户，可以尝试生成不同运镜方式的视频，从中对比、记忆，方便后续使用。
- 场景氛围：限定视频画面的视觉效果、质感、环境氛围等，可以进一步提升画面质感，得到高质量的视频。

输入提示词"一个年轻女子坐在树下读书，镜头维持固定拍摄女孩的正面，微风吹来，女子的头发被吹起，自然光照，暖色调，4K画质，最佳质量"，生成视频的效果如图2-20所示。在视频中，呈现一个女孩子坐在树下读书的画面，微风吹动女孩的长发，光线与画质也基本符合提示词中的描述。

图 2-20

输入提示词"一只可爱的大熊猫坐在竹林里吃竹笋，镜头慢慢推近拍摄大熊猫，天气晴朗，自然色彩，高清画质"，视频效果如图2-21所示。播放视频，可以看到画面中包含了提示词中所涉及的主体、环境、动作，不同的是大熊猫吃的是竹叶，不是竹笋。如果对比不满意，可以再次生成，根据结果调整提示词。

图 2-21

输入提示词"一个穿着球服的中学男生开心地在球场上打篮球，采用水平运镜的方式呈现打球的动态，自然光线，色彩饱和，画质清晰，电影级别调色"，生成的视频的画面效果如图2-22所示。视频所呈现的画面符合提示词的描述，但是中学生被替换成了小学生。此时可以再次生成，使结果更接近提示词。

图 2-22

2.1.3　提示词公式的使用技巧

即使使用相同的提示词，AI模型在每次的创作过程中仍然会输出不同效果的作品。这需要用户多次生成，并根据每次的生成结果做出调整，使最终结果最大限度地接近预想效果。

虽然无法精准把握每次的创作结果，但是在输入提示词的时候记住两个技巧，可以使视频呈现出较好的效果。

1. 精确的表达

如果输入提示词"一个孩子在奔跑"，AI模型会自行补充内容，生成各种画面。如一个孩子可以有多种理解，包括男孩子、女孩子、外国孩子、中国孩子等。奔跑的场景也有多种，如操场、草地、道路、海边等。AI模型会从海量的信息中随意抓取，创作任意的奔跑画面，如图2-23所示。

图 2-23

将提示词更改为"一个中国小男孩在清晨的海滩上奔跑"，AI模型就会在限定的条件下生成视频。即晨光熹微的海滩上，一个中国小男孩在奋力奔跑，如图2-24所示，更加准确地在画面中呈现出了提示词中的信息。

图 2-24

2. 丰富的描述语言

再继续深化上述提示词，"一个短头发的中国小男孩戴着棒球帽，穿着运动服在清晨的海滩上奔跑，水平运镜，镜头跟着小男孩移动，自然光线，色彩饱和，电影级别调色，4K画质，最佳质感"，生成视频如图2-25所示。通过更详细的描述语言，向AI模型详细地阐述创作意图，使其更准确地输出内容。

图 2-25

2.1.4　利用提示词精准控制画面

利用提示词，可以精准地控制画面，实现高质画面的表现效果。比如，通过提示词来控制镜头的运动轨迹、画面氛围的风格等。

1. 镜头控制

通过有效地理解多种类型的镜头运动，海螺AI模型可以创作出更加精确、更具美感的画面。镜头语言的描述技巧如下。

（1）为镜头运动添加更加精确的时序。

将描述镜头的提示词"镜头旋转运镜"继续深化，更改为"镜头先缓慢向左移动，然后在移动的过程中顺时针旋转"，可以获得更加精确、更大幅度的镜头动态视频。

（2）详细描述镜头运动给画面带来的变化。

将描述镜头运动的提示词"镜头从左往右拍摄海滩"进行优化，更改为"镜头从路边的灌木特写开始，缓缓向左移动，拍摄到海滩上游玩的人们，接着是岸边的礁石，最后停留在海面上的帆船上，近景展示潜水员从帆船上跳入水中的情景"，生成视频如图2-26所示，可以获得更具动感与张力的视频画面。

（3）控制镜头运动的时长。

将镜头运动的时长控制在5~6秒，太过复杂的镜头会使AI模型无法理解，导致生成失败。

图 2-26

2. 画面氛围控制

通过在提示词中限定画面的美感与氛围，可以生成精美的画面和准确的动态，从而得到更高质量的视频效果。

相同的提示词，通过添加不同的美感氛围描述词，可以得到不同的画面效果。

输入提示词"镜头拍摄一个女孩子坐在西餐厅的窗边，她看着窗外飘落的大雪，镜头缓缓移动拍摄窗外的雪景，画面色调黯淡，色彩低饱和度，压抑的氛围"，视频生成的效果如图2-27所示。

图 2-27

输入提示词"镜头拍摄一个女孩子坐在西餐厅的窗边，她看着窗外飘落的大雪，镜头缓缓移动拍摄窗外的雪景，画面色调明艳，光线柔和，温馨的氛围"，视频效果如图2-28所示。

图 2-28

3. 共同控制镜头+美感

在限定美感氛围的同时，指定镜头的运动轨迹，可以生成更符合需求的视频效果。

输入提示词"镜头穿过墙壁，聚焦屋内一个正在读书的年轻女子"，生成的视频如图2-29所示。随着镜头从屋外推到屋内，画面显示女子在读书。因为没有其他的限定条件，所以AI模型自由发挥创意，描述了一个读书的场景。

图 2-29

优化提示词，添加更多的限定条件，"镜头透过一堵墙，拍摄一栋现代化别墅，别墅在蓝天白云之下。镜头之后贴近墙上的一个窗口，从窗口投射进来阳光。镜头缓缓后拉，经过窗口，最终聚焦在窗内一个穿着格子衬衫的年轻女子。她坐在窗边的书桌旁，认真地读着摊在桌面上的书。她的面容在阳光下显得安静平稳，与窗外喧嚣的虫鸣鸟叫形成对比。屋内的装饰是洛可可风格的，温馨又柔和"，生成的视频如图2-30所示。

图 2-30

在画面中显示的内容更加丰富，如窗外投射进来的阳光、穿格子衬衫的女子、洛可可风格的室内装饰等。用户还可以添加更多的限定条件，使画面具有更多的细节。

2.2 提示词的挖掘技巧

海螺AI提供了问答功能，用户可以与AI机器人开展提问、解答的互动，从中获取有效信息。在编写提示词的时候，若毫无头绪，可以借助问答功能来获取灵感与思路。

2.2.1 通过直接提问获取提示词

在海螺AI的主页单击"问答"按钮，如图2-31所示。进入问答页面，如图2-32所示。

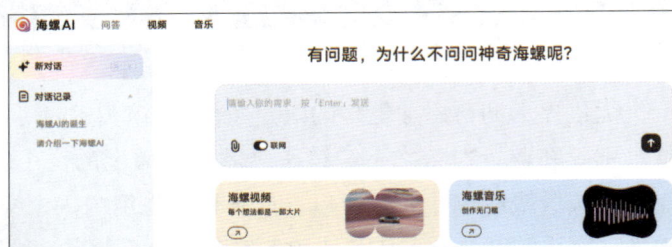

图 2-31   图 2-32

在提示框中输入问题，如"生成科幻视频的提示词"，如图2-33所示。按Enter键，或单击右下角的↑按钮，都可以发送问题至服务器。

图 2-33

当AI模型识别用户的问题后，开始在页面中显示解答的内容，如图2-34所示。在内容的最后，显示与内容相关的其他问题，如图2-35所示。如果用户感兴趣的话，单击问题就可以进行提问。

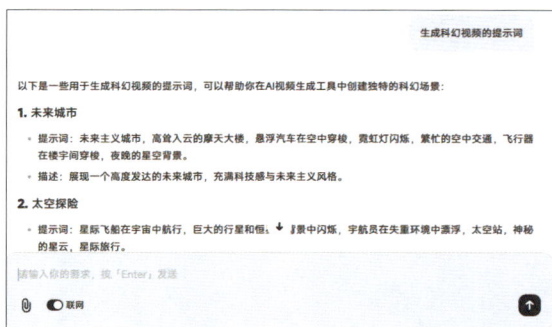

图 2-34

图 2-35

根据AI模型的回答，整理内容后输入提示词"星际战舰，激光炮，宇宙战斗，爆炸与火光，太空舰队，军事科技，外星敌人，描绘一场激烈的星际战争，充满了动作与冒险"，生成的视频如图2-36所示，在画面中表现出了星际战舰在太空中鏖战的情景。

图 2-36

2.2.2 通过多次对话获取提示词

用户可以与AI模型进行交流，以获取更多的信息，帮助自己理清思路。在提示框中输入问题，如"如何构思生成视频的提示词"，按下Enter键，等待AI模型给出回答，结果如图2-37所示。

在文本的末尾单击其中的问题按钮，如"如何描述视频中的情感变化？"如图2-38所示，开启新一轮的问答。

AI模型会根据用户的提问，逐一将解答方案显示出来，如图2-39所示。继续深入提问，单击"如何用具体例子说明情感变化？"如图2-40所示。

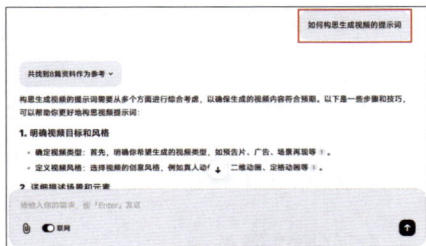

图 2-37

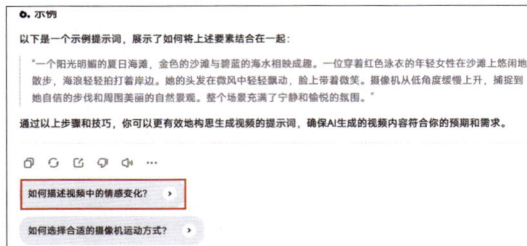

图 2-38

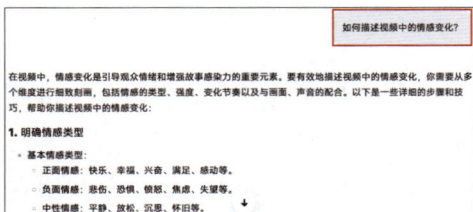

图 2-39

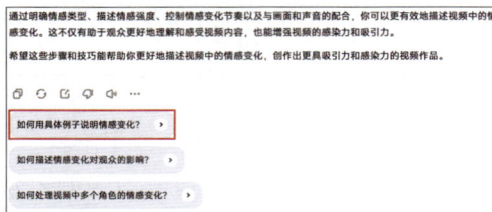

图 2-40

在稍后显示的答复内容中，AI模型通过举例、分析的方式向用户进行说明，如图2-41所示。综合以上的提问与解答，用户提出一个综合性的问题，"请帮我写一个金榜题名的视频的提示词，描述主角的情绪从紧张到放松到狂喜的转变"，如图2-42所示。

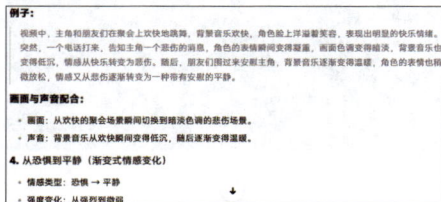

图 2-41

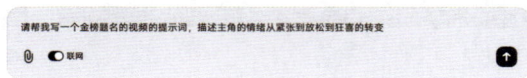

图 2-42

以下是AI模型生成的提示词。在提示词中，详细描述了场景的内容，包括画面内容、镜头切换、背景音乐等，帮助用户更好地理解制作视频所需的元素与方法。

1. 金榜题名视频的场景描述

（1）场景1：紧张的等待

① 画面描述：主角坐在一间略显昏暗的房间里，窗外阳光明媚，但房间内的气氛却显得压抑。主角紧握手机，屏幕上显示"高考成绩查询"页面。她的手指微微颤抖，眼神中充满了焦虑和不安。

② 情感描述：主角此刻的心情极度紧张，心跳加速，呼吸变得急促。她紧盯着手机屏幕，仿佛在等待命运的宣判。

③ 声音与氛围：

·背景音乐紧张而低沉，节奏缓慢，营造出一种压抑和不安的氛围；

·可以加入时钟滴答声，增强时间的紧迫感和主角的焦虑感。

④ 镜头语言：

·使用特写镜头捕捉主角的面部表情，尤其是她紧张的眼神和微微颤抖的手。

·镜头可以稍微晃动，模拟主角内心的不安和焦虑。

（2）场景2：逐渐放松

① 画面描述：主角终于鼓起勇气，点击了"查询"按钮。屏幕上开始加载成绩，她的表情从紧张逐渐变得期待。画面切换到成绩页面，显示着令人满意的分数。

② 情感描述：

·主角的心情开始从紧张逐渐放松下来，心跳逐渐平稳，呼吸也变得均匀。她的脸上露出一丝微笑，眼神中透露出一种如释重负的感觉。

③ 声音与氛围：

·背景音乐逐渐变得轻快，节奏加快，传递出一种轻松和愉悦的氛围。

·可以加入轻微的风声或鸟鸣声，增强场景的放松感。

④ 镜头语言：

·使用中景镜头，展示主角从紧张到放松的全过程。

·镜头可以缓慢拉近，聚焦在主角脸上的微笑和眼神中的释然。

（3）场景3：狂喜的庆祝

① 画面描述：

·主角确认了自己的优异成绩，兴奋地跳了起来。她冲出房间，跑到大街上，挥舞着双臂，欢呼雀跃。朋友们和家人们纷纷围上来，向她表示祝贺。

② 情感描述：主角的心情此刻达到了狂喜的状态，心跳加速，肾上腺素飙升。她的脸上洋溢着灿烂的笑容，眼中充满了喜悦和自豪。

③ 声音与氛围：

·背景音乐变得激昂而欢快，节奏明快，传递出一种极度的兴奋和喜悦。

·可以加入欢呼声、掌声和鞭炮声，营造出一种热闹和喜庆的氛围。

④ 镜头语言：

·使用广角镜头，展示主角在人群中欢呼雀跃的场景。

·可以快速切换镜头，捕捉主角和朋友们欢庆的瞬间，增强画面的动感和活力。

2. 金榜题名的综合提示词

在一个阳光明媚的早晨，主角坐在房间里，紧握着手机，等待着高考成绩的揭晓。她的心情极度紧张，心跳加速，呼吸变得急促，眼神中充满了焦虑和不安。随着她点击"查询"按钮，画面开始加载，她的表情逐渐从紧张变得期待。成绩页面显示着令人满意的分数，她的心情开始放松，心跳平稳，呼吸均匀，脸上露出一丝如释重负的微笑。

突然，她兴奋地跳了起来，冲出房间，跑到大街上，挥舞着双臂，欢呼雀跃。朋友和家人们纷纷围上来，向她表示祝贺。背景音乐变得激昂而欢快，画面中充满了欢声笑语。主角的脸上洋溢着灿烂的笑容，眼中充满了喜悦和自豪，她的心情此刻达到了狂喜的状态。

利用AI模型生成提示词后，对其稍加改动，进入生成视频的操作，播放生成的视频，结果如图2-43所示。在有限的时长内，视频表现了人物情绪的变化过程，抓住了提示词的重点，表现了紧张→不安→放松→如释重负的微笑这样一个情绪变化过程。

图 2-43

由于在6s时长的视频中无法表达更多的内容，因此将提示词拆分为两部分，生成的视频如图2-44所示。在视频中表现出了人物在得知被录取后欣喜若狂的表现，包括周围的人群、环境的表现。在该视频中，人物与上一段视频中的人物不同。这是因为AI模型无法复制另一段视频中的人物生成新的视频。为了避免出现这样的情况，可以利用"图生视频"的方式创作视频。将人物、场景固定在图片中，再生成视频，这样就能保证人物的一致性了。

图 2-44

2.3　常用提示词的写法

用户通过输入提示词，可以指定生成视频的画面内容、风格、人物动态。本节介绍常用提示词的写法。

2.3.1　人物外貌的刻画

输入提示词"一位身材高挑的女性，拥有一头柔顺的黑色长发，面部特征柔和，眼神深邃，嘴唇丰满，眉毛自然弯曲。穿着简约风格的衣服，整体气质自信而优雅"，如图2-45所示。单击　　　按钮，生成的视频如图2-46所示。

在上述提示词中，限定了人物的身材、发色与发型、面部五官、服装的款式及整体的气质。在生成视频的过程中，AI模型会根据自己对提示词的理解进行创作，生成的效果有可能与创作者的想象有差距，这是很正常的现象。

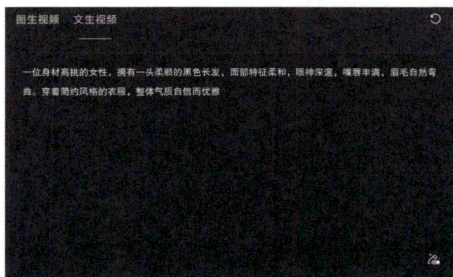

图 2-45

图 2-46

更换描述方式，输入提示词"她的眼睛明亮，鼻子挺直，嘴巴丰满，发色金黄，发质卷曲，披肩发，肤色白皙，身材高挑，气质亲和，微笑着，姿态慵懒"，如图2-47所示。生成视频后进入预览页面，效果如图2-48所示。

在上述提示词中，没有限定人物的种族，AI模型通过对提示词进行判断，生成了一个西方女性的形象，基本符合描述，但是没有在视频中显示人物的身材。

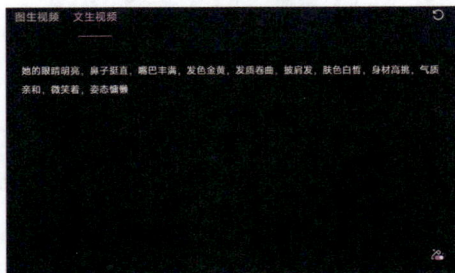

图 2-47

图 2-48

输入提示词"可爱的小女孩，大眼睛，鼻子圆润，乌黑的短发，别着粉色的发卡，戴着一副黑框眼镜"，如图2-49所示。单击 ⬤30 按钮，生成视频后进入预览页面进行播放，效果如图2-50所示。

AI模型根据提示词的描述，将元素组合起来，综合理解，创作了一个东方黑发小女孩的形象。

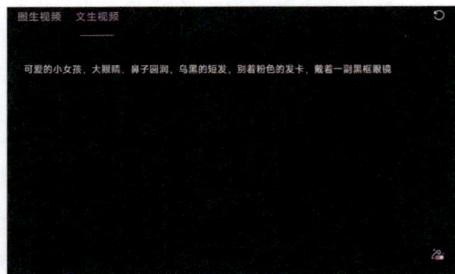

图 2-49

图 2-50

输入提示词"中年男子，灰白的寸头，疲惫的眼神，抿着嘴角，皱着眉头，似乎在为某事发愁"，如图2-51所示。等待视频生成后，进入预览页面，画面中的男子喃喃自语，一脸悲苦的表情，如图2-52所示。

在上述提示词中，除了基本的外貌描写，添加了情绪限定语，"似乎在为某事发愁"。AI模型根据情绪描述为人物添加了表情，使人物形象更加丰满，且富有感染力。

输入提示词"年老的妇人，花白的头发，梳得整整齐齐，和蔼的笑容，温柔的眼神，戴着一副珍珠耳钉"，如图2-53所示。单击 ⬤30 按钮，等待视频生成后即可播放观看，效果如图2-54所示。

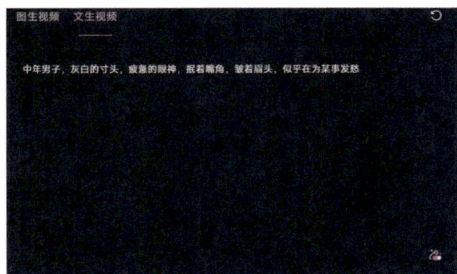

图 2-51

图 2-52

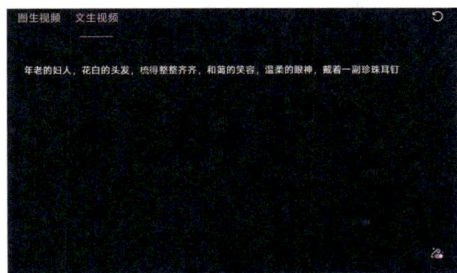

图 2-53

图 2-54

　　在上述提示词中，为人物"戴"上了首饰，即"戴着一副珍珠耳钉"。AI模型自动添加了珍珠项链，以匹配珍珠耳钉。在本次的创作结果中，AI模型正确理解了"珍珠耳钉"的概念，没有生成珍珠耳环或者其他类型的首饰。

2.3.2　人物动作的描述

　　输入提示词"一位中年男性坐在办公桌前，双手交叉在胸前，身体挺直，表情严肃，正在与同事交谈"，如图2-55所示。单击 ⬤30 按钮，等待视频生成后播放，效果如图2-56所示。

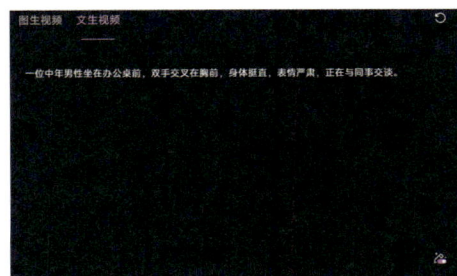

图 2-55

图 2-56

在上述提示词中，通过对"办公桌""同事"关键词的抓取，AI模型将人物设定为上班族，为人物穿上了西装，正在进行的动作是"双手交叉""与同事交谈"。

输入提示词"镜头先缓慢向左移动，然后在移动的过程中顺时针旋转，一只可爱的小松鼠抱着核桃在吃"，如图2-57所示。开始生成视频，稍等片刻，播放生成的视频，如图2-58所示。

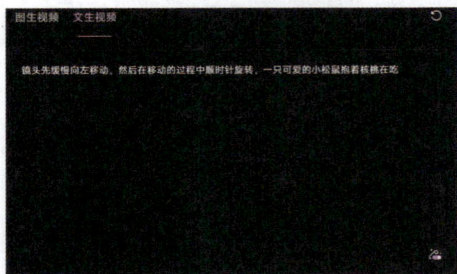

图 2-57

图 2-58

在上述提示词中，不仅限定了镜头的运动轨迹，还为小松鼠指定了动作——"抱着核桃在吃"。在播放视频的过程中，随着镜头的移动，一只正在吃核桃的小松鼠也出现在画面中。

输入提示词"一个年轻女子对着镜子化妆，身体前倾，脸部靠近镜子，嘟着嘴巴在涂口红"，如图2-59所示。等待视频生成后，进入预览界面观看，如图2-60所示。

图 2-59

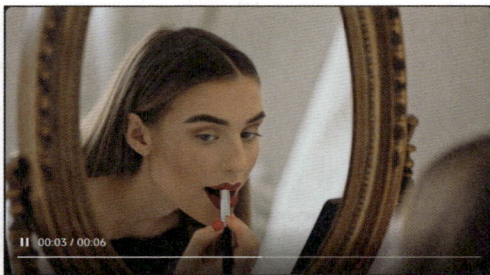

图 2-60

在上述提示词中为女子指定了一连串动作，包括"身体前倾""涂口红"，使画面中的人物保持"涂抹口红"的状态，这个状态包括她的身体姿态及身体动作。

输入提示词"一个老年厨师，头发花白，戴着厨师帽，在厨房炒菜，烟雾缭绕"，如图2-61所示。单击 按钮，播放生成的视频，如图2-62所示。

在上述提示词中，为厨师指定了"炒菜"的动作，在画面中呈现出一幅正在烹饪的热闹场面。

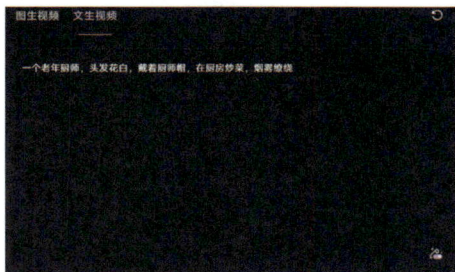

图 2-61

图 2-62

输入提示词"一个小学生，女孩子，站在课桌前，拿着转笔刀在削铅笔，铅笔屑掉落在桌上的课本上"，如图2-63所示。等待片刻，播放生成的视频，如图2-64所示。

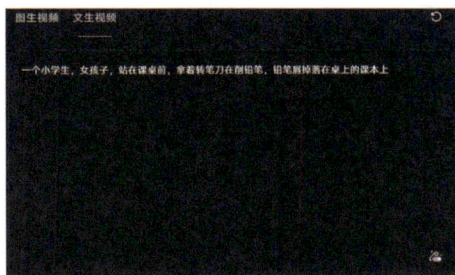

图 2-63

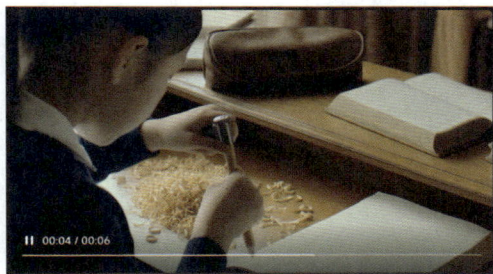

图 2-64

在上述提示词中，为女孩子指定了"削铅笔"的动作，AI模型自动匹配了拍摄角度，从侧面来拍摄动作的执行过程。利用相同的提示词重复生成，每次都会得到不一样的画面效果。

2.3.3　服饰配饰的控制

输入提示词"一位少年穿着印有卡通图案的T恤和破洞牛仔裤，脚上是一双高帮运动鞋。他戴着棒球帽和一条彩色手链，整体风格休闲而活泼"，如图2-65所示。单击　按钮，生成的视频如图2-66所示。

在提示词中，限定了少年的穿着，包括T恤、牛仔裤、运动鞋及手链，AI模型将以上元素集中表现，并自动分配场景，使场景与人物风格相匹配。

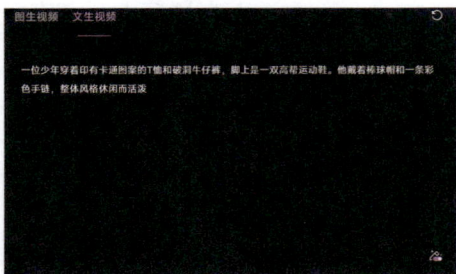

图 2-65

图 2-66

输入提示词"公司白领，他穿着一身剪裁合身的深色西装，显得非常正式和专业，脸上充满自信"，如图2-67所示。进入生成视频模式，稍等片刻，播放生成的视频，结果如图2-68所示。

在提示词中，为白领指定的服装为"剪裁合身的深色西装"，符合职业形象。而给人物添加情绪，如开心、苦恼、自信、沉思等，可以影响画面的氛围。

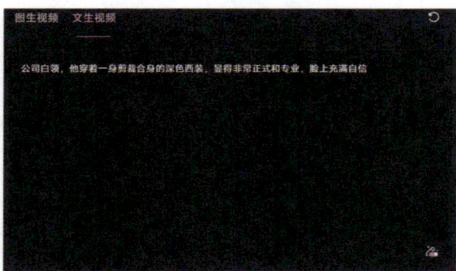

图 2-67

图 2-68

输入提示词"一名事业有成的女子，戴着一顶贝雷帽，脖子上围着一条丝巾，知性优雅"，如图2-69所示。单击 ⬤30 按钮，播放生成的视频，如图2-70所示。

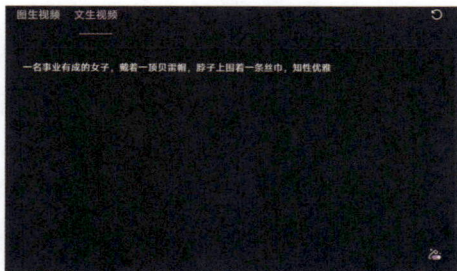

图 2-69

图 2-70

在上述提示词中，为人物添加了"贝雷帽""丝巾"两样装饰品，衬托"事业有成"的形象。最后输入描述气质的文字，即"知性优雅"。AI模型在创作的过程中会综合表现这些元素，在画面中呈现最终的效果。

输入提示词"一个年轻的女子，披着长发，穿着一件色彩鲜艳的连衣裙，脖子上戴着金项链，快乐活泼"，如图2-71所示。进入生成视频模式，等待片刻，最终结果如图2-72所示。

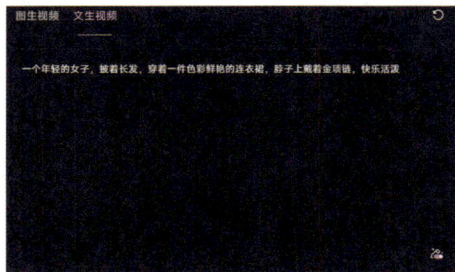

图 2-71　　　　　　　　　　　　　　　图 2-72

在图2-72所示的视频画面中，女子身穿连衣裙，戴着金项链，这是通过提示词来添加的设定条件。AI模型会在这些条件的基础上添加其他元素，如场景、动作等来展现最终的画面效果。

2.3.4　环境的设定

输入提示词"一个宁静的乡村，清晨的阳光洒在田野上，薄雾弥漫，鸟儿在枝头歌唱。远处的小溪潺潺流过，几只鸭子在水中嬉戏"，如图2-73所示。单击 按钮，稍等片刻，生成视频的结果如图2-74所示。

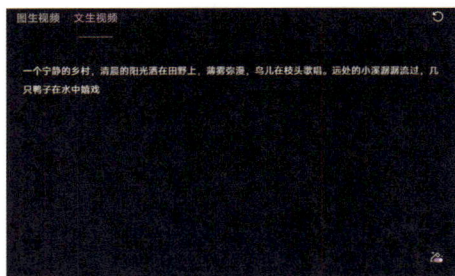

图2-73　　　　　　　　　　　　　　　图2-74

在上述提示词中，描绘了一幅岁月静好的画面，晨光、薄雾、小溪与悠哉的鸭子。需要注意的是，提示词中的元素不一定会全部出现在画面中，如乡村、鸟儿就没有被表现出来。

　　输入提示词"夜晚的城市，街道上车水马龙，行人步履匆忙，霓虹灯在夜幕中闪烁，高楼大厦林立，忙碌紧张的氛围"，如图2-75所示。进入生成视频模式，等待几分钟，播放生成的视频，如图2-76所示。

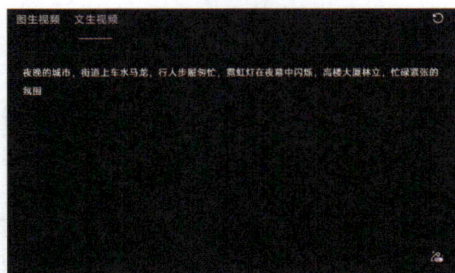

图 2-75

图 2-76

　　在上述提示词中，添加了城市夜景的描述文字，如"车水马龙""霓虹灯""高楼大厦"等，AI模型根据这些文字的描述，营造了五光十色的夜景环境。

　　输入提示词"宁静的古城，午后斜阳，古老的石板街道两旁是保存完好的历史建筑，街角的小咖啡馆散发着浓郁的香气，台阶上趴着打盹的小猫咪"，如图2-77所示。单击 30 按钮，等待视频生成，播放效果如图2-78所示。

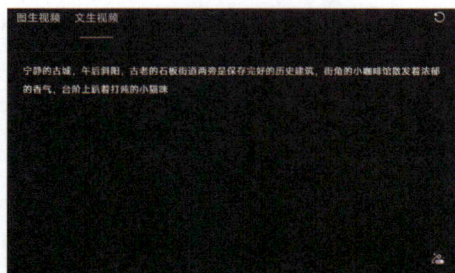

图 2-77

图 2-78

　　在图2-78所示的画面中，夕阳的余晖洒在石板街道上，年代久远却依旧稳固的老建筑、氤氲着香气的咖啡馆，以及昏昏欲睡的猫咪，这些元素都可以通过提示词来添加。或者直接在提示词中描述"宁静古城的黄昏情景"，也可以生成一段古城风光视频，但是当中包含的细节就由AI模型自由发挥创造了。

　　输入提示词"装饰简约的客厅，沙发柔软舒适，墙上挂着抽象画，柔和的灯光，温馨的氛围"，如图2-79所示。等待几分钟，播放生成的视频，如图2-80所示。

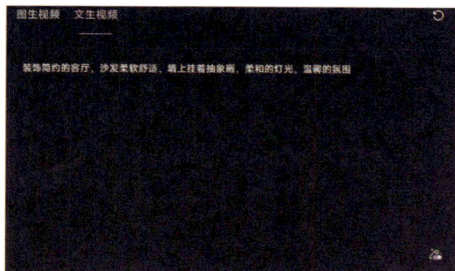

图 2-79

图 2-80

在图2-80所示的画面中，显示了安静的客厅环境，当中包含简洁风格的沙发、抽象风格的装饰画及明亮的窗户。如果希望再添加其他元素，如阅读的人、打盹的猫咪、米色的窗帘，可以在提示词中进行说明。

输入提示词"一座古老的城堡矗立在山顶，俯瞰着整个小镇，古堡有着厚重的石墙，耸立的尖塔，神秘的气息"，如图2-81所示。单击 30 按钮，进入生成视频模式，完成后即可播放生成的视频，如图2-82所示。

图 2-81

图 2-82

这一段提示词描述的是城堡的外观，以及城堡所处的环境。从大环境开始描写——"矗立在山顶""俯瞰着整个小镇"，接着添加城堡的细节描写——"厚重的石墙""耸立的尖塔"。或者深入城堡内部，对当中的装饰构造进行描写，会得到不一样的效果。

2.3.5　画面构图的设计

输入提示词"使用俯视视角拍摄城市全景，利用鸟瞰视角突出城市的广阔和繁忙，利用重复和图案构图增加画面的节奏感和视觉吸引力"，如图2-83所示。等待片刻，即可生成视频，画面效果如图2-84所示。

视频采取鸟瞰视角进行拍摄，在移动镜头的过程中，呈现辽阔的视野范围，凸显城市楼房的密集，渲染繁忙与紧张的氛围。

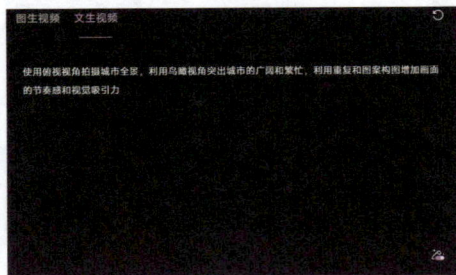

图 2-83

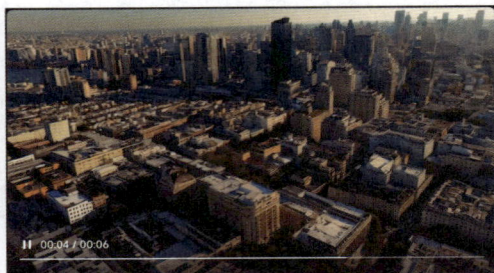

图 2-84

输入提示词"可爱的鹦鹉站在树枝上，鹦鹉位于画面中心，采用中心构图，强调主体，虚化背景"，如图2-85所示。单击 30 按钮，等待视频生成，视频画面效果如图2-86所示。

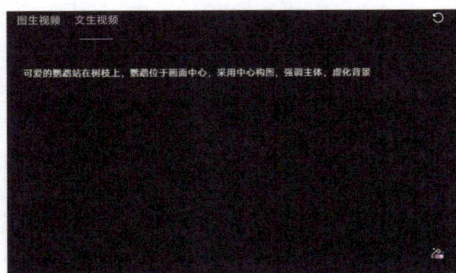

图 2-85

图 2-86

在上述提示词中，强调了"采用中心构图"，观看视频画面可以发现，主体鹦鹉位于画面的正中间，具有极强的视觉冲击力，能迅速引起观众的注意。

输入提示词"画面采用引导线构图，背景中的道路作为引导线，焦点是正在骑自行车的运动员，利用运动模糊的方式表现速度感和力量感"，如图2-87所示。进入视频生成模式，等待几分钟，播放生成的视频，如图2-88所示。

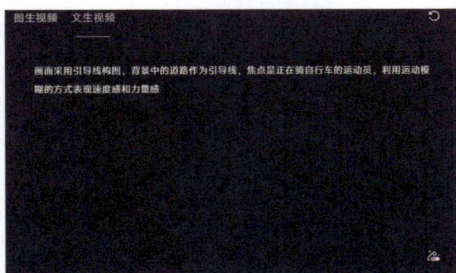

图 2-87

图 2-88

在上述提示词中，指定"画面采用引导线构图"，并说明将"道路作为引导线"，同时添加画面焦点"骑自行车的运动员"，最后加入效果描述文字"利用运动模糊的方式表现速度感和力量感"，使观众感受到来自运动员的速度感和力量感。

输入提示词"两只可爱的大熊猫分别坐在画面的左右两侧，面对着观众吃竹叶，采用左右对称的构图方式，强调画面的平衡"，如图2-89所示。进入视频生成环节，几分钟完成操作，播放视频，效果如图2-90所示。

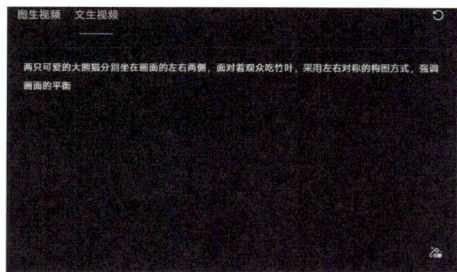 

图2-89　　　　　　　　　　　　　　　　　图2-90

通过提示词限定两只大熊猫的位置，将它们安排在画面的两侧，形成左右对称的效果。

2.3.6　视频画质的控制

输入提示词"一位少年在篮球场上快速奔跑，跳跃投篮，落地后迅速转身，动作敏捷，步伐稳健。设置帧率为24fps，模拟电影质感，增加运动模糊效果，模拟运动效果，提升画面的艺术感和动感性"，如图2-91所示。单击 30 按钮，稍等片刻，即可生成视频，结果如图2-92所示。

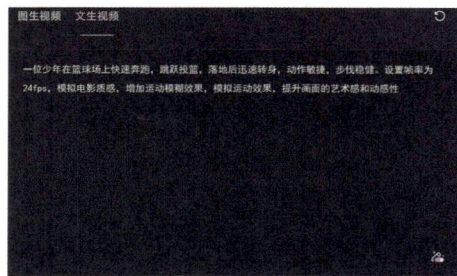 

图2-91　　　　　　　　　　　　　　　　　图2-92

在上述提示词中，添加了描述画面质感的文字，如"帧率为24fps""模拟电影质感"等，使视频最终呈现出来的效果兼具美感与动感。

输入提示词"可爱的幼童坐在地毯上玩积木,旁边趴着一只胖乎乎的加菲猫,画面比例为16:9,对画面进行降噪处理,使画面更清晰",如图2-93所示。进入视频生成模式,等待视频生成,播放效果如图2-94所示。

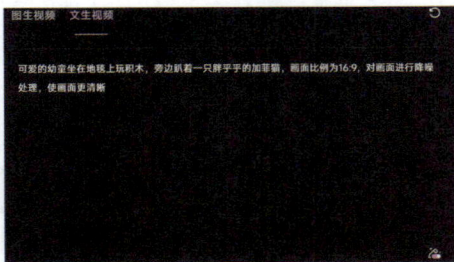

图 2-93

图 2-94

在上述提示词中,添加了限定画面质感的描述文字——"对画面进行降噪处理,使画面更清晰",使AI模型在创作视频的过程中了解用户的意图,并按照提示词生成清晰的画面。

输入提示词"芭蕾舞演员在台上表演,中景拍摄,减少摄像机的抖动,使画面更稳定",如图2-95所示。单击 30 按钮,等待视频生成,播放结果如图2-96所示。

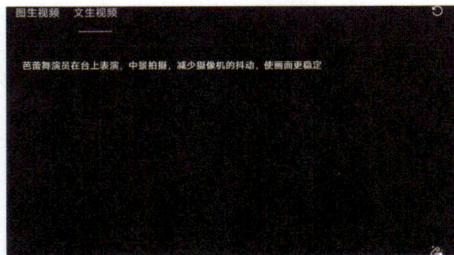

图 2-95

图 2-96

为了使极具动感的视频保持画面稳定,在提示词中添加"减少摄像机的抖动"的描述文字,提醒AI模型在创作的过程中注意稳定摄影机,避免造成画面的抖动、失真。

输入提示词"圣诞老人吃汤圆,增加图像的锐度,使细节更清晰",如图2-97所示。进入视频生成环节,等待操作结果,播放视频,结果如图2-98所示。

在"图生视频"模式下,先为画面主体添加动作,再输入限定画质的描述文字"增加图像的锐度",使视频画面更加清晰。但是不可避免有一个缺点,即锐化过度会造成失真的结果。

图 2-97　　　　　　　　　　　　　　　　图 2-98

2.3.7　艺术风格的控制

输入提示词"可爱的小猫咪，橘色毛发，在椅子上睡觉，阳光照进来。使用逆光效果，突出主体的轮廓，增加画面的层次感和深度感"，如图2-99所示。单击 [　30] 按钮，等待几分钟，生成视频，结果如图2-100所示。

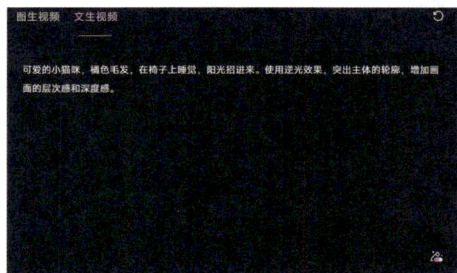

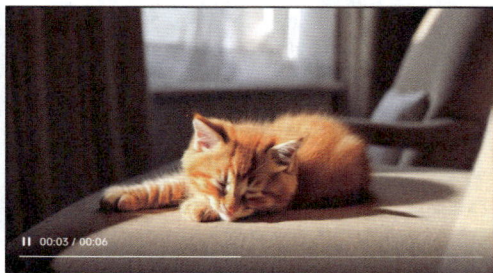

图 2-99　　　　　　　　　　　　　　　　图 2-100

在上述提示词中，添加了描述画面风格效果的文字"使用逆光效果，突出主体的轮廓，增加画面的层次感和深度感"，使渲染的着重点落在猫咪身上，表现猫咪在阳光下酣睡的闲适感。

输入提示词"公主，穿着讲究的服饰，脸上洋溢着幸福的笑容，坐在城堡的窗户边，使用暖色调，柔和的光影，营造温馨浪漫的氛围。采用浪漫主义风格，突出场景的浪漫和梦幻"，如图2-101所示。进入视频生成环节，等待操作结束，生成视频，结果如图2-102所示。

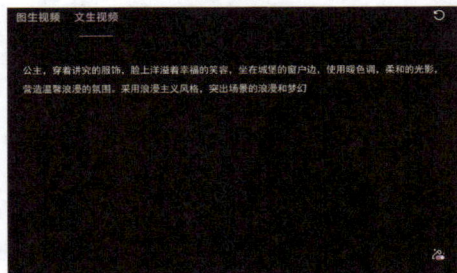
图 2-101

图 2-102

在上述提示词中，添加了描述场景氛围的文字，如"使用暖色调""柔和的光影""采用浪漫主义风格"，营造一个温馨梦幻的场景，表现生活在城堡里幸福快乐的公主。

输入提示词"列车开动，镜头跟随拍摄，视频采用写实主义风格，细节丰富，色彩自然"，如图2-103所示。单击 30 按钮，等待几分钟，播放生成的视频，结果如图2-104所示。

图 2-103

图 2-104

在上述提示词中，添加了描述画面风格的文字——"视频采用写实主义风格"，使视频画面呈现出自然、富有动感的效果。

在"图生视频"模式下，上传图片，输入提示词"猫咪在烤鱼，强调光影和色彩的变化，着重表现猫咪流畅的动作"，如图2-105所示。进入视频生成环节，完成操作后播放视频，可以看到图片中的猫咪动了起来，如图2-106所示。

图 2-105

图 2-106

在上述提示词中，添加了画面效果描述文字——"强调光影和色彩的变化"，控制视频画面的表现效果，使其生机勃勃且富有感染力。

第 3 章　通过文本生成视频

　　本章介绍利用文本生成视频的方法。在海螺AI中，利用"问答"功能生成文案，然后根据实际情况，调整文案内容，并将文案复制到输入框中执行生成视频的操作。用户根据生成视频的效果，决定是否采用视频或者再次生成。

3.1　文生视频的基本流程

在海螺AI中生成视频的时候，借助"问答"功能，可以轻松地获取某种类型的文案。再利用生成视频功能，可以在文案的基础上生成视频。

3.1.1　利用海螺AI生成文案

登录海螺AI主页，在左上角单击"问答"按钮，转入问答页面，如图3-1所示。在输入框中输入问题，例如"青春片文案"，按下Enter键，稍等片刻，即可得到文案范例，如图3-2所示。

图 3-1

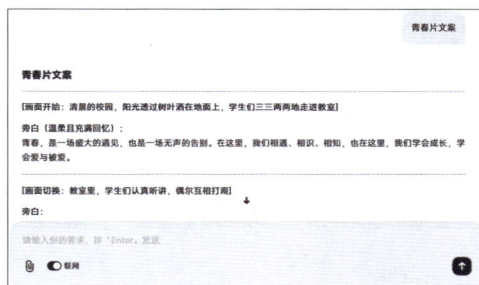

图 3-2

3.1.2　粘贴到输入框中生成视频

从利用"问答"功能生成的文案中提取内容，复制至剪贴板。转入视频生成页面，在输入框中粘贴文案，如图3-3所示。单击下方的按钮，如图3-4所示，进入生成视频模式。

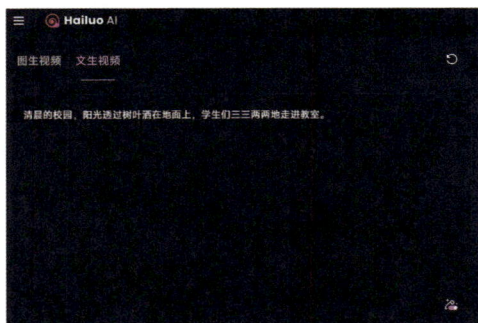

图 3-3

图 3-4

3.1.3　选择生成的视频进行下载

生成视频后将鼠标指针放置在视频画面之上，可以预览播放效果。若对效果感到满意的话，单击右下角的下载按钮，如图3-5所示，可以将视频下载到计算机中。

单击视频，进入预览模式，单击右下角的下载按钮，如图3-6所示，也可以下载视频。

图3-5

图3-6

3.2　文生视频实操

本节介绍文生视频的实际操作步骤。首先利用"问答"功能生成文案，经过提取、润色后得到生成视频的文案。然后利用文案生视频，最后下载保存即可。

3.2.1　生成广告片

01 登录海螺AI，在问答页面中，输入"生成广告视频的提示词"，按Enter键发送，稍等片刻，显示文案内容，如图3-7所示。

扫码看教学视频

图 3-7

02 参考生成的文案，对其进行修改和润色，在视频生成页面中输入文案内容，"镜头缓缓向前推，拍摄到一个年轻男子的半身特写，他戴着耳机，专注地看着手机，似乎看到了什么有意思的内容，背景是健身房。这个场景的描绘采用了写实电影的风格，强调高清细节和栩栩如生的人物形象，让观众感受到男子快乐的情绪和明亮的室内环境"，如图3-8所示。

03 单击右下角的 [⊘ 30] 按钮，等待几分钟，生成的视频如图3-9所示。

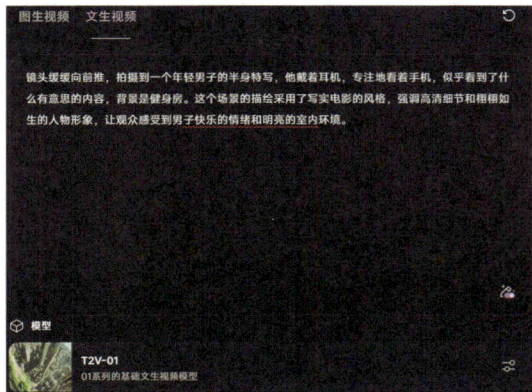
图 3-8

图 3-9

04 播放视频，随着镜头的移动，拿着手机的男子进入画面，如图3-10所示。在这个视频中，主打商品是手机。

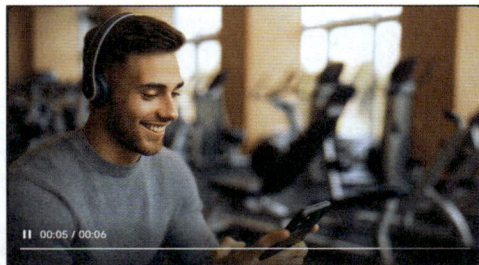
图 3-10

05 输入提示词"镜头跟随拍摄跑步的女子，然后慢慢聚焦到手腕上一只黑色的运动手表，背景是公园。这个场景采用复古风格，细腻，清晰"，如图3-11所示。

06 在提示词中添加商品——"黑色的运动手表"，指引镜头移动拍摄手表，生成的视频如图3-12所示。

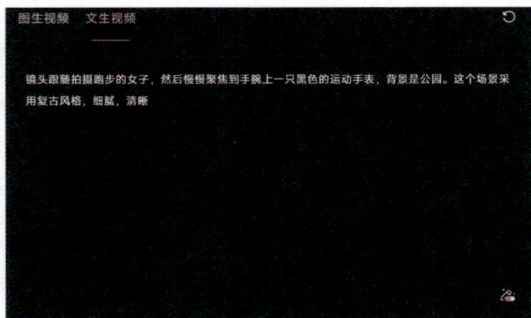

图 3-11 图 3-12

07 播放视频，效果如图3-13所示。创作此视频的初衷，本来是希望镜头聚焦跑步女子手上戴的手表，但是在生成的结果中，手表戴在了另一只手上，跑步的女孩子成了背景。

图 3-13

08 输入提示词"戴着墨镜的长发女生，背景是海边，手里拿着一杯冰可乐，中景拍摄，镜头缓缓推进，拍摄女生的脸部，清晰的画质，柔和的光线"，如图3-14所示。

09 在提示词中指定商品为"墨镜"，最后将镜头的动作指定为"拍摄女生的脸部"，是希望在视频结束前再次强调商品，生成的视频如图3-15所示。

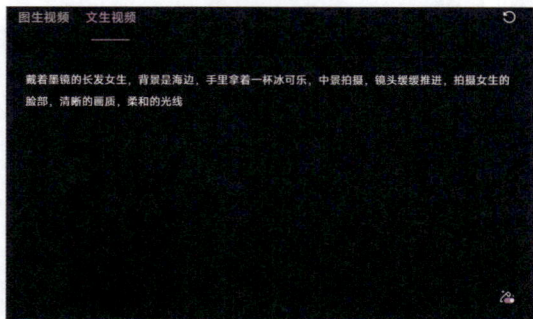

图 3-14 图 3-15

52

10 播放视频，随着播放进度向前推进，女孩子逐渐进入画面，最后完全展示戴在脸上的墨镜，如图3-16所示。

图 3-16

11 输入提示词"画面采用引导线构图，背景中的道路作为引导线，焦点是正在行驶的跑车，利用运动模糊的方式表现速度感和力量感"，如图3-17所示。

12 在提示词中指定商品为"汽车"，结合汽车运动的特点，设置画面构图方式为"引导线构图"，生成的视频如图3-18所示。

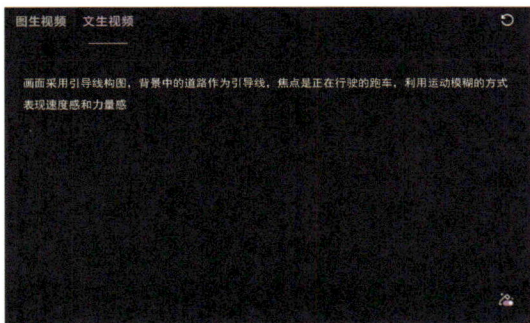

图 3-17

图 3-18

13 播放视频，汽车从远处开过来，然后完全进入镜头视野范围，最后绝尘而去，如图3-19所示。

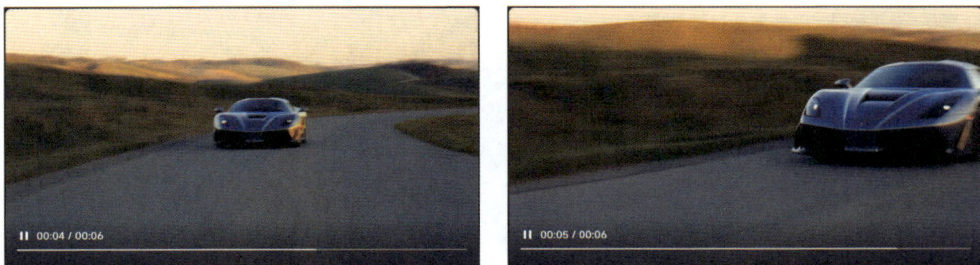

图 3-19

3.2.2 生成科幻片

扫码看教学视频

01 在问答页面，输入"生成科幻片的提示词"，按Enter键发送，有关科幻片提示词的相关内容如图3-20所示。

图 3-20

02 从文案中汲取灵感，自行编写生成视频的提示词，"在一个充满魔幻和神奇元素的暗黑科幻世界，一个身穿暗红色斗篷、头上戴着羽毛饰品的女巫骑着一头怪兽在施行魔法"，如图3-21所示。

03 单击右下角的 [30] 按钮，生成视频，结果如图3-22所示。

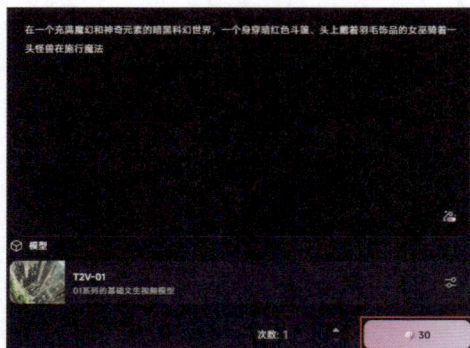

图 3-21

图 3-22

04 播放视频，可以看到女巫开始施行魔法，如图3-23所示。

图 3-23

05 输入提示词"镜头从地面缓缓上移，展示杜隆塔尔（Orgrimmar）贫瘠而荒凉的土地，地面上布满裂痕，象征着兽人坚韧不拔的精神。特写镜头：镜头聚焦在一块古老的石碑上，上面刻着兽人部落的战纹和符文，象征着他们的历史和荣耀。特写镜头：镜头切换到一只强壮的兽人手掌抚摸着石碑"，如图3-24所示。

06 在编写提示词的时候，可以分别指定镜头的动作，以及随着动作的变化在画面里出现的内容。生成的视频如图3-25所示。

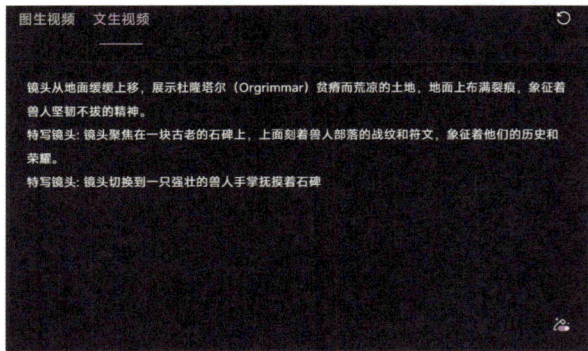

图 3-24

图 3-25

07 播放视频，先出现在画面中的是贫瘠荒凉的土地，接着一块石碑被放大显示，最后一只强壮的手臂出现在画面中，如图3-26所示。

图 3-26

08 输入提示词"电影画质，写实风格，黑暗风格，逼真的海上环境，波涛汹涌，天空阴云密布，风暴肆虐，降雨，一支由福特级航空母、驱逐舰和护卫舰组成的航空母舰编队在围攻一头高达几百米的大水怪，巨大的水怪是航母的十倍，张牙舞爪，大声咆哮"，如图3-27所示。

09 该提示词描绘了一幅人类驾驶着舰艇与海上怪兽对抗的画面，生成的视频结果如图3-28所示。

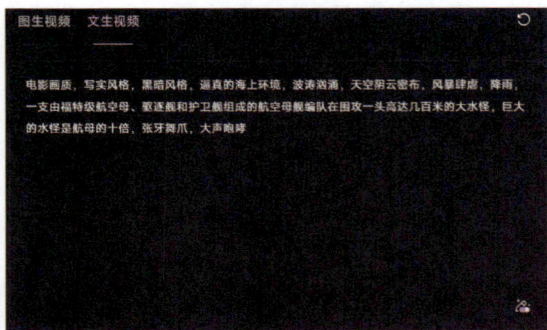

图 3-27

图 3-28

10 播放视频，舰艇在海面上极速航行，身后的怪兽咄咄逼人，想要掀起海浪淹没舰艇，如图3-29所示。

图 3-29

11 输入提示词"电影画质，写实风格，一群机器人在废墟中战斗，断壁残垣，镜头靠近一名变形金刚，铠甲斑驳，似乎即将耗尽力气"，如图3-30所示。

12 在提示词中为变形金刚指定了情绪，"似乎即将耗尽力气"，使主角多了一些拟人化的表现，生成的视频结果如图3-31所示。

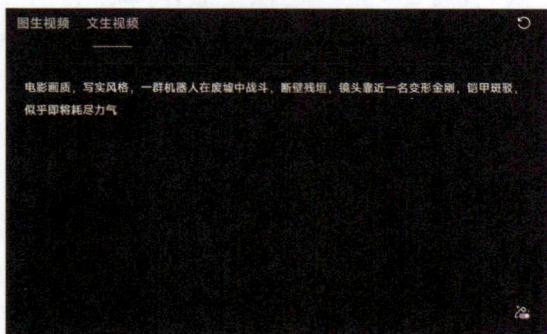

图 3-30

图 3-31

13 播放视频，在鏖战的背景中，一名变形金刚缓缓走向镜头，如图3-32所示。

图 3-32

3.2.3　生成动作片

01 在问答页面中输入"生成动作片的提示词"，按Enter键发送，关于动作片拍摄的相关内容如图3-33所示，包括剧情设定、人物定位及场景环境等。

扫码看教学视频

图 3-33

02 对文案进行提炼和修改后，在视频生成页面中输入提示词，"将镜头切换到一株沾着血迹的小草，随后缓缓移动镜头，转而聚焦到白衣男子与黑衣女子打斗的画面。两人身上伤痕累累，周围一片狼藉。这个场景的描绘采用了写实电影风格，强调高清的细节和打斗动作的连贯性，让观众沉浸在紧张、刺激的氛围中"，如图3-34所示。

03 单击右下角的按钮，等待片刻，生成视频，结果如图3-35所示。

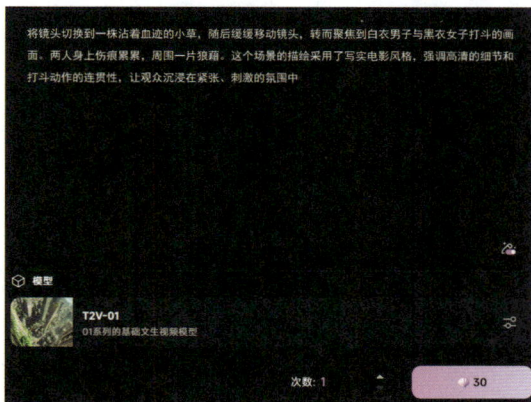

图3-34

04 播放视频，出现在镜头中的先是沾着血迹的小草，接着镜头移动，聚焦正在打斗的两个人，如图3-36所示。

05 输入提示词"电影画质，写实风格，全副武装的男子，匍匐在地上，手持一架狙击枪，正在瞄准目标，野外作战环境，烟雾弥漫，恐怖紧张的气氛，高清画质，情感细腻"，如图3-37所示。

06 在提示词中为主角添加了一连串的动作，"匍匐在地上""正在瞄准目标"，生成的视频如图3-38所示。

图3-35

图 3-36

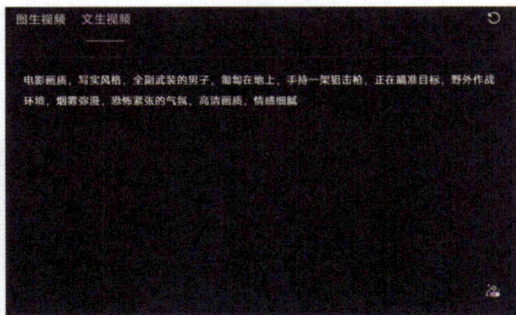

图 3-37

图 3-38

07 播放视频，可以看到主角从地上爬起来，走到狙击枪的位置趴下，开始进入战斗状态，如图3-39所示。

08 输入提示词"电影画质，写实风格，在未来城市里，一名背着机关枪的少年正在街道中穿梭奔跑，路边的房屋中不时向他扔炸弹，烟雾弥漫，镜头跟随拍摄，紧张刺激的气氛，高清画质，细节刻画"，如图3-40所示。

图 3-39

09 在设定主角动作后，可以继续描述周围的环境——"路边的房屋中不时向他扔炸弹，烟雾弥漫"，生成的视频如图3-41所示。

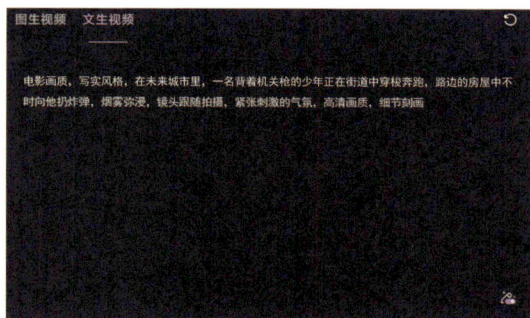

图 3-40

图 3-41

10 播放视频，可以看到画面中一个少年手持枪支奔跑在巷道中，前方的房屋不断被轰炸，硝烟滚滚，如图3-42所示。

图 3-42

11 输入提示词"电影画质，写实风格，一名全副武装的女子在古墓中探险，爬满藤蔓的石壁上有神秘抽象的图案，紧张的气氛，高清画质，细节刻画"，如图3-43所示。

12 提示词中没有指定场景所处的年代，AI模型会根据描述文字自行创作，生成的视频如图3-44所示。

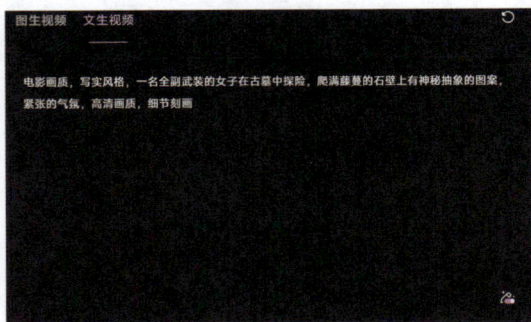

图 3-43   图 3-44

13 播放视频，可以看到画面中女子全副武装，风格接近欧洲中世纪骑士的打扮，她正在古墓中打量周边的环境，危险随时出现，如图3-45所示。

图 3-45

3.2.4　生成纪录片

01 在问答页面中输入"纪录片提示词"，按Enter键发送问题，在页面中显示反馈结果，如图3-46所示。在显示的文字中，包括纪录片的主题与内容、叙事结构及视觉风格等。

扫码看教学视频

图 3-46

02 参考生成的文案，编写提示词。"一位年近70岁，神情专注的老妇认真地给一个盒子涂油漆，炯炯有神的眼睛下面是微微扬起的双唇。她花白的头发松松垮垮地挽了一个发髻，几缕碎发随意地散落在脸颊上。她穿着一件中式对襟长袖衫，挽起袖子，露出的手臂上沾了少许油漆"，如图3-47所示。

03 单击右下角的按钮，视频生成的结果如图3-48所示。

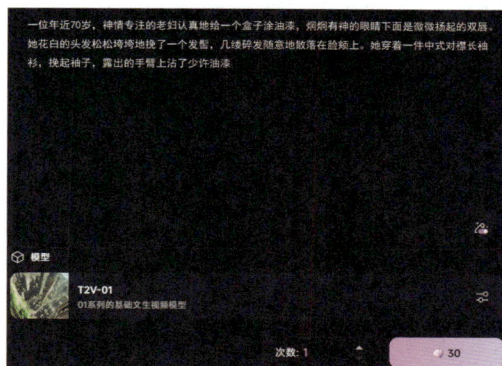

图 3-47　　　　　　　　　　　　　　　　图 3-48

04 播放视频，可以看到主角正在认真地拿着笔涂抹，嘴角边荡漾着温暖的笑意，如图3-49所示。

图 3-49

05 输入提示词"镜头缓缓推进，特写拍摄在花丛中采蜜的蜜蜂，花丛背景，自然光照，电影级别的调色，高清画质，细节刻画"，如图3-50所示。

06 在提示词中为画面指定了调色方式——"电影级别的调色"，又因为拍摄的是自然风景，因此指定了"自然光照"，生成的视频如图3-51所示。

07 播放视频，可以看到在温暖的阳光下，蜜蜂在花朵上劳作，如图3-52所示。

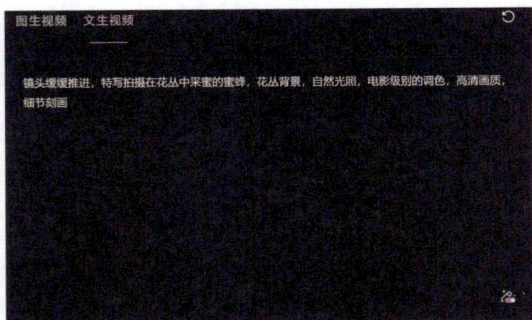

图 3-50　　　　　　　　　　　　　　　图 3-51

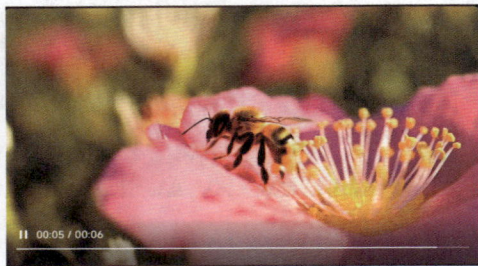

图 3-52

08　输入提示词"一名40岁上下的男子正在制作陶瓷，眯着双眼认真盯着正在进行的工作，纪录片画质，高清细节，自然光照，温暖的氛围"，如图3-53所示。

09　在提示词中为主角指定了动作与表情——"眯着双眼"，专注于手上的工作，生成的视频如图3-54所示。

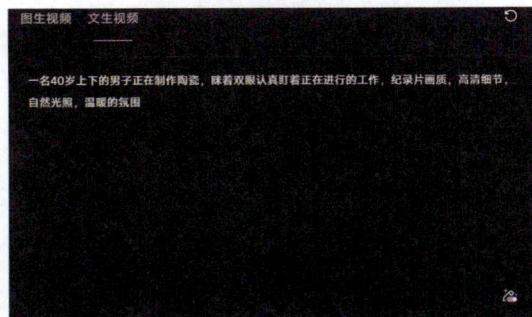

图 3-53　　　　　　　　　　　　　　　图 3-54

10　播放视频，可以看到画面中的主角一脸认真地在工作，阳光从窗外照射进来，如图3-55所示。

图 3-55

11 　输入提示词"考拉妈妈背着考拉幼崽坐在树杈上，森林背景，纪录片画质，高清画面，细节描写，自然色彩"，如图3-56所示。

12 　在提示词中提到的"考拉妈妈""考拉幼崽"，视频中没有特别体现，只是出现了一只坐在树杈上的考拉，生成的视频如图3-57所示。

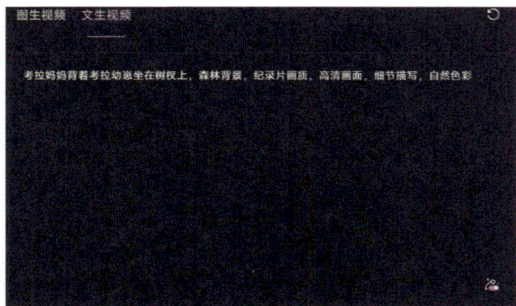

图 3-56

图 3-57

13 　播放视频，镜头由近拉远，先是特写拍摄考拉，然后逐渐移动镜头，使森林背景更多地进入画面，如图3-58所示。

图 3-58

3.2.5　生成仙侠片

01 　在问答页面中输入"生成仙侠片的提示词"，按Enter键发送，

扫码看教学视频

63

相关内容如图3-59所示，显示了与仙侠片有关的内容，包括核心概念、角色设定及情节大纲等。

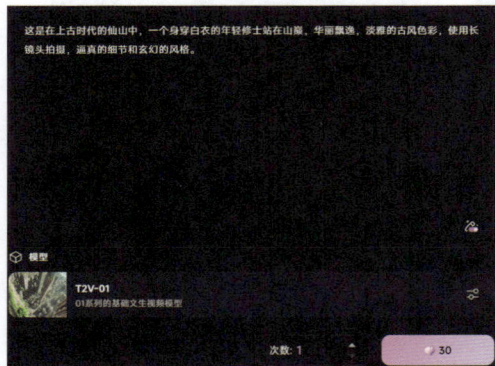

图 3-59

02 参考生成的文案，在视频生成页面中输入提示词，"这是在上古时代的仙山中，一个身穿白衣的年轻修士站在山巅，华丽飘逸，淡雅的古风色彩，使用长镜头拍摄，逼真的细节和玄幻的风格"，如图3-60所示。

03 单击右下角的按钮，生成视频，结果如图3-61所示。

图 3-60

图 3-61

04 播放视频，可以看到在缥缈的群山中，一个身着白衣的男子随着镜头的缓缓向前推，出现在画面中，如图3-62所示。

图 3-62

05 输入提示词"一位美丽的中国女子，身着飘逸的白色汉服，手里抱着一只可爱的白兔，姿态悠然地行走在盛放的桃花林中，花瓣飘飞，梦幻的氛围，画面清晰，动作自然，电影级别调色"，如图3-63所示。

06 在提示词中添加了环境的描述语——"花瓣飘飞"，为画面营造出了梦幻浪漫的氛围。生成的视频如图3-64所示。

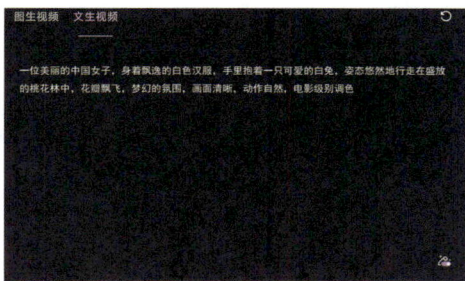 

图 3-63　　　　　　　　　　　　　　　图 3-64

07 播放视频，可以看到主角抱着白兔，步履悠闲地在桃花林中漫步，如图3-65所示。

图 3-65

08 输入提示词"牡丹花妖在低头摆弄花朵，镜头缓缓推进，拍摄花妖优雅精致的脸庞，仙境背景，自然光，高清画质，细节清晰"，如图3-66所示。

09 在提示词中提供了一个虚拟的角色"牡丹花妖"，还提供了角色所处的背景"仙境背景"，生成的视频如图3-67所示。

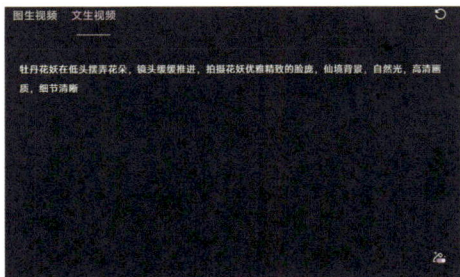 

图 3-66　　　　　　　　　　　　　　　图 3-67

10 播放视频，美丽的花妖穿行在怒放的牡丹花丛中，镜头最后定格在花妖美丽的脸庞上，如图3-68所示。

图 3-68

3.2.6 生成武侠片

01 在问答页面中输入"生成武侠片的提示词"，按Enter键发送，相关内容如图3-69所示，用户参考内容直接编写提示词即可。

扫码看教学视频

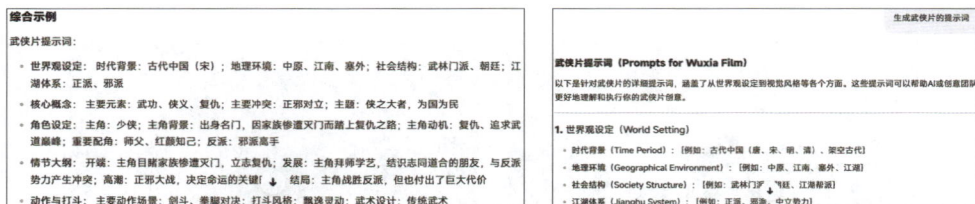

图 3-69

02 在视频生成页面中输入提示词"宋代的中国。摄像机从高处俯瞰的位置开始缓缓下降，呈现一个武林人士在林中打斗的全景。从这个高度的视角，可以看到辽阔的竹林，摄像机捕捉到正在激烈争辩的侠客，场景中折断的兵器和树枝随处可见"，如图3-70所示。

03 单击右下角的按钮，等待几分钟，生成视频，结果如图3-71所示。

04 播放视频，首先出现在画面中的是广阔的竹林、列队整齐的武林好汉，最后聚焦正在打斗的双方，如图3-72所示。

05 输入提示词"镜头缓缓推进拍摄，一个身穿古装的男子，坐在水边看着手里的宝剑，微风吹来，吹动了他的长发，画面清晰，动作自然，电影级别调色"，如图3-73所示。

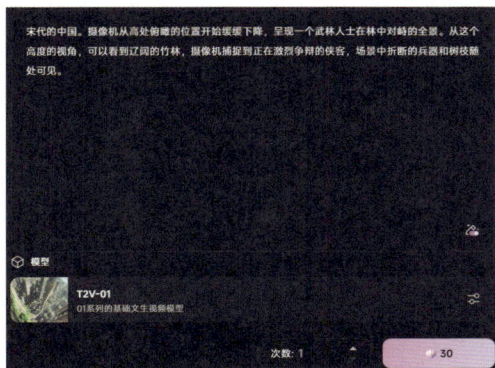

图 3-70   图 3-71

图 3-72

06 在提示词中为主角赋予了一个动作——"坐在水边看着手里的宝剑",营造沉静的氛围。生成的视频如图3-74所示。

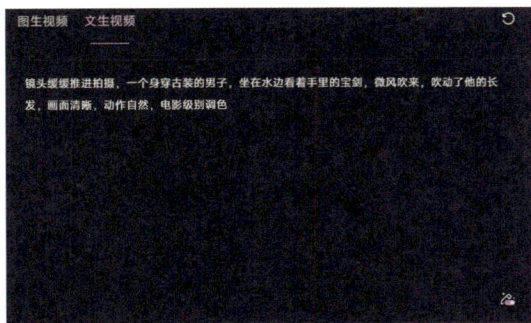

图 3-73   图 3-74

07 播放视频,可以看到主角在安静的水边默默地看着手里的宝剑,清风吹动他的长发,如图3-75所示。

08 输入提示词"一个身穿铠甲的将军,骑在战马上带领千军万马在战斗,镜头缓缓推近,拍摄将军布满汗水的脸庞,高清画质,细节清晰",如图3-76所示。

图 3-75

09 在提示词中，没有明确指定将军的种族，任由AI模型自行发挥，生成的视频如图3-77所示。

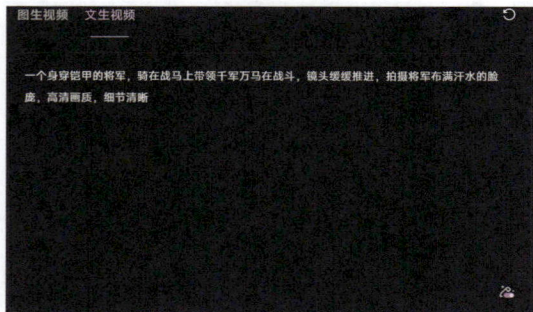

图 3-76   图 3-77

10 播放视频，在画面中出现的将军留着短发，身穿铠甲，一脸沉重地骑在战马上缓步前行，如图3-78所示。

图 3-78

11 输入提示词"一个白色长发男子，戴着黄金面具，穿着黑色的汉服，站在城墙上，镜头推近拍摄，男子举起手中的宝刀，天空乌云密布，电闪雷鸣，自然光照，高清画质，细节刻画"，如图3-79所示。

12 在提示词中，指定了男子为"白色长发"，AI模型自行发挥，为人物添上了白色的胡子，生成的视频如图3-80所示。

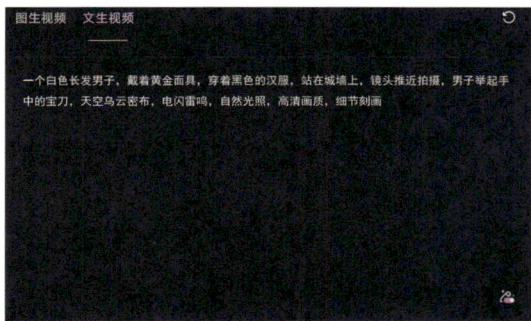

图 3-79   图 3-80

13 播放视频，可以看到黑衣男子举着宝剑登上高台，在乌云压城的情况下似乎有话要说，如图3-81所示。

图 3-81

3.2.7 生成日系动漫

01 在问答页面中输入提示词"生成日系动漫片的提示词"，按Enter键发送，查询结果如图3-82所示。在结果中，显示了与动漫有关的内容，如核心概念、情节大纲等。

扫码看教学视频

图 3-82

02 在查询内容的基础上编写提示词，在视频生成页面输入提示词，"一名13岁的可爱女学生，一头浓密的黑发，身上穿着校服，笑容满面，骑着自行车穿行在樱花盛放的大道上。背景中，樱花开得灿烂，阳光明媚，营造出一种欢乐明亮的氛围。这个场景的描绘采用了日本动漫电影风格，粉色和蓝色"，如图3-83所示。

03 单击右下角的按钮，等待片刻，生成视频，效果如图3-84所示。

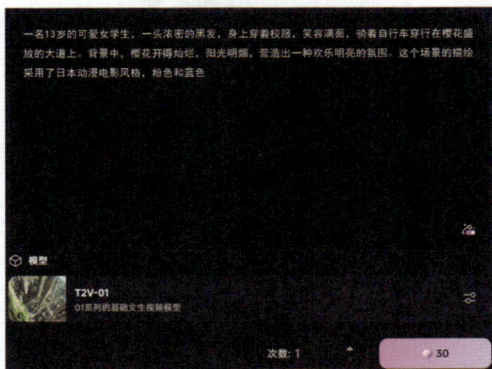

图3-83

图3-84

04 输入提示词"镜头跟随拍摄一个走在街上的留着棕色长卷发的年轻女白领，镜头最后定位在女白领掏出手机打电话的动作上，这个场景的描绘采用了日本动漫电影风格，亮丽的色彩，高清画质"，如图3-85所示。

05 在提示词中指定了镜头的动作，即"镜头跟随拍摄""镜头最后定位"，为视频中的人物指定动作，并通过移动镜头来使画面随着播放进度的前进发生变化，生成的视频如图3-86所示。

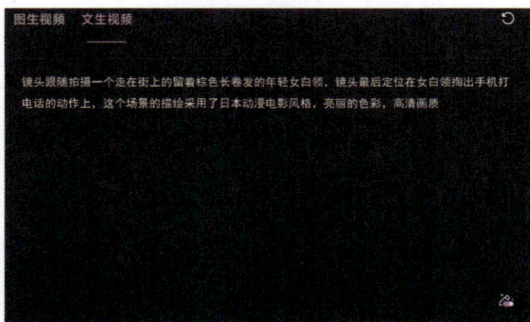

图3-85

图3-86

06 播放生成的视频，可以看到一名身穿工作服的女白领走在街上，镜头最后定位在她拿着手机的画面，如图3-87所示。

图 3-87

07 输入提示词"宫崎骏电影，日本动漫，镜头跟随拍摄一个穿着球衣的黑色短发的小男孩在球场上踢足球，镜头最后定在他射球入门的动作上，蓝天白云，阳光明媚，高清画质，细节清晰"，如图3-88所示。

08 在提示词中指定了画面的风格——"宫崎骏电影""日本动漫"，接着描述画面内容，生成的视频如图3-89所示。

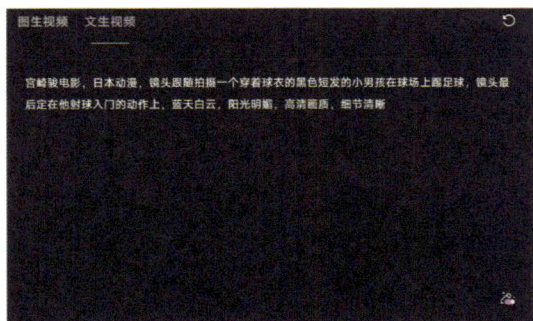

图 3-88

图 3-89

09 播放视频，可以看到在绿草如茵的球场上，孩子们正在快乐地奔跑，镜头最后聚焦在男孩子射球的动作上，如图3-90所示。

图 3-90

10 输入提示词"初中女生坐在火车上，看着窗外掠过的景色，镜头最后聚焦在女生打开放在膝盖上的书本的动作上，这个场景的描绘采用了日本动漫电影风格，高清画质，细节清晰，光影柔和"，如图3-91所示。

11 在提示词中指定了画面的风格——"日本动漫电影"，并为主角添加了打开书本的动作，生成的视频如图3-92所示。

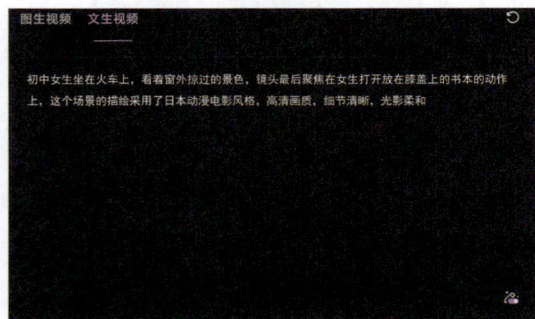 

图3-91   图3-92

12 播放视频，可以看到主角先是抱着书本坐在窗边，随着播放进度向前推进，她打开书本看了起来，如图3-93所示。

图3-93

3.3 利用提示词指定镜头运动生成视频

通过在提示词中为镜头指定动作，可以得到丰富的画面效果。本节列举几种常见的镜头运动方式，如特写镜头、拉近镜头、推远镜头等。

3.3.1 特写镜头

01 登录海螺AI主页，进入生成页面，在"文生视频"模式下输入提示词"一个女人，表情戏，从喜悦到悲哀的变换，特写拍摄"，如图3-94所示。

扫码看教学视频

在提示词中，说明"特写拍摄"，提供了拍摄人物的方式，可以得到特写视频画面。

02 单击 ▢ 按钮，进入视频生成模式，等待几分钟，在右侧的列表中显示生成结果，如图3-95所示。

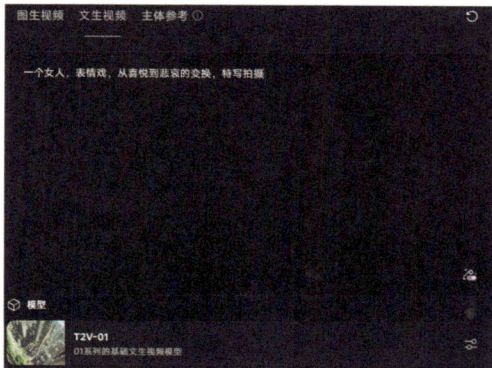

图 3-94　　　　　　　　　　　　　图 3-95

03 播放视频，可以看到女子的脸庞始终占据画面的大部分，随着播放的推进，她的表情从喜悦转变为悲哀，如图3-96所示。

图 3-96

3.3.2　推进镜头

扫码看教学视频

01 在"文生视频"模式下输入提示词"背景是滚滚浓烟，机器人伸出左手，身体前倾，镜头环绕男孩和机器人运动，然后拉近镜头，展示机器人和女孩对视的特写"，如图3-97所示。

　　在提示词中，先后为镜头指定动作，即"镜头环绕""拉近镜头""特写"，通过镜头运动拍摄，使画面呈现动态的变化，使观众感受到良好的视觉效果。

02 单击 ▢ 按钮，等待视频生成，在右侧的列表中显示生成结果，如图3-98所示。

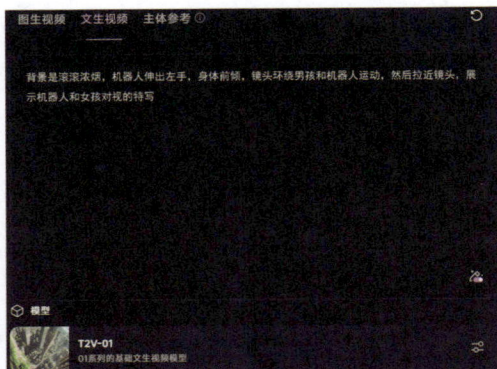

图 3-97   图 3-98

03 播放视频，首先出现在画面右侧的是机器人，镜头向左移动，逐渐拉近，最后聚焦在两个孩子对视的画面，如图3-99所示。

图 3-99

3.3.3 拉远镜头

01 在"文生视频"模式下输入提示词"近景拍摄一只矫健的豹子，镜头缓缓拉远，拍摄豹子在非洲草原上极速奔跑"，如图3-100所示。

扫码看教学视频

在提示词中为镜头指定了两个动作——"近景拍摄""镜头缓缓拉远"，展现镜头由近至远，以及主体由静态转为动态的画面效果。

02 单击 [　30　] 按钮，进入视频生成模式，生成结果显示在右侧的列表中，如图3-101所示。

03 播放视频，首先出现在画面中的是豹子的特写，接着豹子跑起来，镜头逐渐拉远，拍摄豹子在辽阔草原奔跑的场景，如图3-102所示。

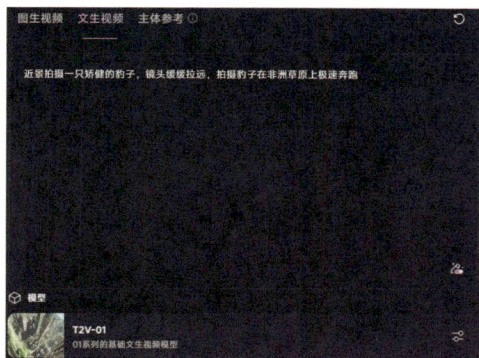

图 3-100

图 3-101

图 3-102

3.3.4 特殊视角

扫码看教学视频

01 在"文生视频"模式下输入提示词"阳光下的溪流，水流粒子效果，视角极速向前，贴近水面流动感，光线跟踪，通透，有波纹，水辛烷值渲染，水面上漂浮着淡黄色的花瓣"，如图3-103所示。

在提示词中，指定了镜头视角——"视角向前""贴近水面"，使镜头贴着水面极速向前移动，拍摄湍急的水流、波光粼粼的水面。

02 单击 [30] 按钮，等待几分钟，在右侧的列表中显示生成的视频，如图3-104所示。

03 播放视频，可以看到镜头跟随水流向前移动，出现在画面中的景色包括向前涌流的溪流、随着水面起伏跌宕的落叶或花瓣，以及闪耀的水面波光，贴近水面拍摄，能获得特殊的画面效果，如图3-105所示。

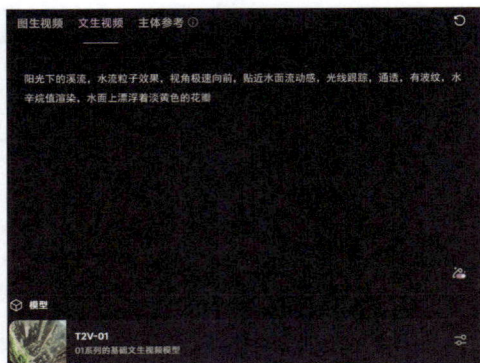

图 3-103　　　　　　　　　　　　　　图 3-104

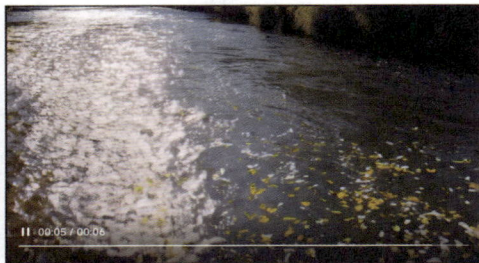

图 3-105

3.3.5　垂直运镜

扫码看教学视频

01　在"文生视频"模式中输入提示词"一座大山被激烈的闪电击碎，镜头从破碎的边缘掉落的碎石开始，缓缓推移到一个怪兽的上半身，它伸出的手上拿着武器，似乎这巨大的破坏是它造成的魔法特效"，如图3-106所示。

在提示词中，指定了镜头的运动，首先从碎石开始拍摄，再垂直移动至怪兽的上半身，使镜头从下往上移动拍摄，凸显怪兽带来的压迫感及紧张感。

02　单击　　30　　按钮，进入视频生成模式，等待片刻，在右侧的列表中显示生成结果，如图3-107所示。

03　播放视频，首先出现在画面中的是从高空劈下的闪电、山脚嶙峋的碎石，镜头向上移动，逐渐显示怪兽高大强壮的身躯、扭曲的表情、握在手中的武器，呈现一幅怪兽在肆无忌惮破坏的画面，如图3-108所示。

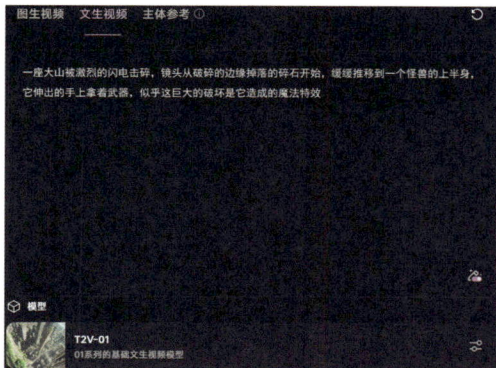

图 3-106　　　　　　　　　　　　图 3-107

图 3-108

3.3.6　水平运镜

扫码看教学视频

01　在"文生视频"模式下，输入提示词"河水潺潺流淌，波光粼粼，白雪公主在河边欢快地跳起了舞蹈，动作自然，镜头跟随白雪公主来回移动。蝴蝶翩翩起舞。辛烷渲染，光线追踪，景深，超级细节，电影风格，8K画质，高质量，超清晰，魔法世界"，如图3-109所示。

在提示词中，指定了镜头"跟随白雪公主来回移动"，使镜头跟随拍摄白雪公主在河边起舞。

02　单击  按钮，等待片刻，在右侧的列表中显示生成的视频，如图3-110所示。

03　播放视频，画面中的白雪公主在岸边起舞，一边跳舞一边向前移动，镜头跟随拍摄，在水平方向上移动，随着播放进度向前，画面呈现河流两岸的景色，以及白雪公主轻盈起舞的身影，如图3-111所示。

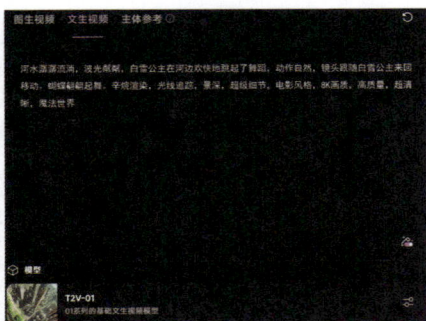

图 3-109　　　　　　　　　　　　　图 3-110

图 3-111

3.3.7　旋转运镜

01　在"文生视频"模式下，输入提示词"一架未来世界的战斗机在高空盘旋，镜头跟随战斗机视角拍摄"，如图3-112所示。

扫码看教学视频

战斗机在高空来回盘旋，指定的镜头动作是"跟随战斗机视角拍摄"，可以得到旋转运镜的拍摄效果。

02　单击　　　30　　按钮，进入视频生成模式，等待几分钟，在右侧的列表中查看生成结果，如图3-113所示。

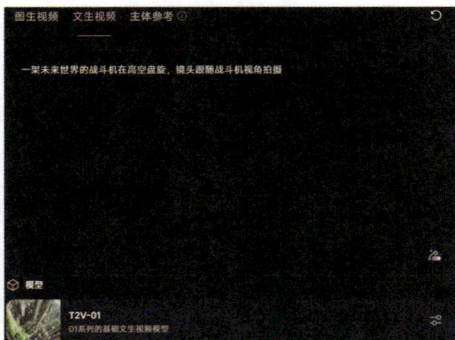

图 3-112　　　　　　　　　　　　　图 3-113

03 播放视频，可以看到战斗机在空中盘旋，背景在旋转运镜的拍摄下不断变换，战斗机机身上的光照效果也随之发生变化，如图3-114所示。

图 3-114

3.3.8　鱼眼镜头

01 在"文生视频"模式下，输入提示词"鱼眼镜头，由近及远拍摄城市摩天大楼建筑群，写实摄影，高清画质"，如图3-115所示。

　　在提示词中指定了镜头的类型为"鱼眼镜头"。鱼眼镜头在接近被摄物拍摄时能形成非常强烈的透视效果，强调被摄物近大远小的对比，使所摄画面具有一种震撼人心的感染力。

02 单击 按钮，稍等片刻，在右侧的列表中显示生成视频，如图3-116所示。

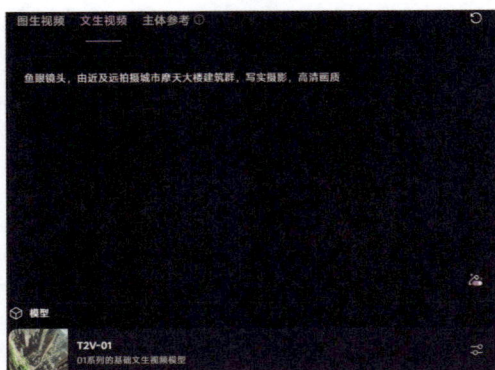 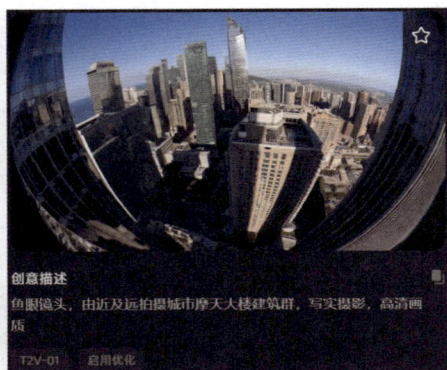

图 3-115 · 图 3-116

03 播放视频，可以看到原本笔直向上的摩天大楼在鱼眼镜头下扭曲变形，以夸张的画面效果给人带来震撼的视觉体验，如图3-117所示。

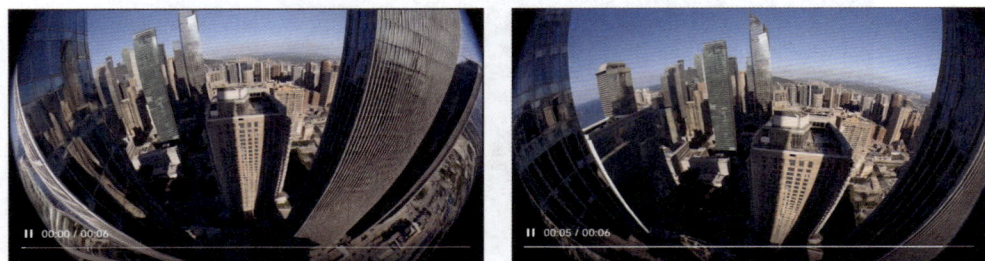

图 3-117

3.3.9 广角镜头

01 在"文生视频"模式下，输入提示词"广角镜头，拍摄辽阔的高山、森林、河流风景，纪录片摄影，高清画质"，如图3-118所示。

扫码看教学视频

　　在提示词中，指定了镜头的类型为"广角镜头"。广角镜头的视角大，视野宽阔。从某一视点观察到的景物范围要比人眼在同一视点所看到的大得多，可以涵盖大范围的景物，适合拍摄较大场景的照片，如建筑、风景等题材。

02 单击 [　30] 按钮，进入视频生成模式，稍等几分钟，生成的视频显示在右侧的列表中，如图3-119所示。

03 播放视频，可以看到在画面中展示了辽阔的天地，包括连绵起伏的群山、广阔的森林、蜿蜒的河流，画面具有透视效果，表现了景物的远近感，使画面富有感染力，如图3-120所示。

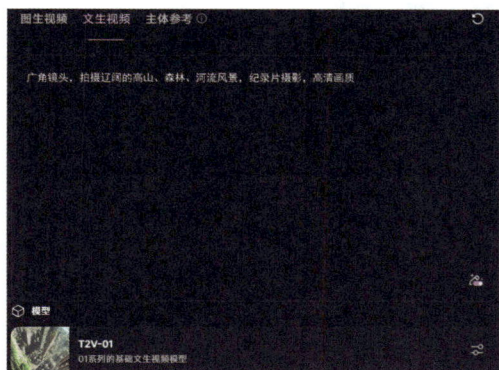

图 3-118

图 3-119

图 3-120

第 4 章 通过图片

生成视频

　　本章介绍通过图片生成视频的方法。首先将图片上传至海螺AI，添加创意描述文本，或者不添加任何描述，直接进行视频生成操作，最后根据生成的视频来做调整即可。

4.1 图生视频的基本流程

本节介绍以图片生成视频的基本流程，包括从网络上下载的图片、自己拍摄的照片或利用AI工具创作的图片。在海螺AI中，支持以图片为基础创作短视频。

图 4-1

4.1.1 将图片上传至海螺AI

在"图生视频"选项卡中单击按钮，如图4-1所示，在打开的对话框中选择图片，如图4-2所示。单击"历史图片选择"按钮，可以进入历史图片列表，从中选择已经上传的图片。

4.1.2 生成视频

在"打开"对话框中，单击"打开"按钮，即可上传图片。在图片下方输入创意描述文字，也可以不输入，AI

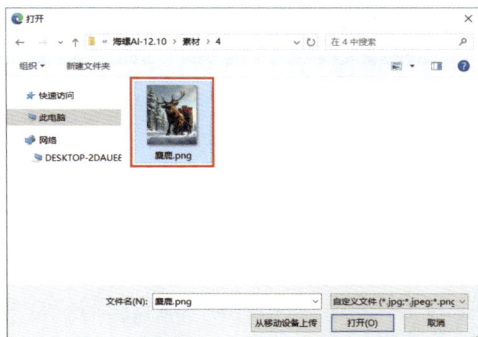

图 4-2

模型会自动为图片添加动态效果。在"模型"列表中选择最新版本的模型，单击右下角的按钮，如图4-3所示，进入生成视频的进程。

将鼠标指针放置在视频画面之上，预览生成的视频，如图4-4所示。若对视频效果不满意，可以再次生成视频。

图 4-3

图 4-4

83

4.1.3 下载生成的视频

单击视频右下角的 🔲 按钮，如图4-5所示，将视频下载至计算机中。或者单击视频，进入预览页面，单击页面右下角的 🔲 按钮，如图4-6所示，也可以下载视频。

图 4-5

图 4-6

4.2 图生视频实操

通过图生视频操作，可以为图片添加动作，使图片"动"起来，得到一个有趣的小视频；为图片添加创意描述文字，可以指导AI模型在图片的基础上添加元素或动作。

4.2.1 生成风景视频

1. 让烟花在夜空中绽放

扫码看教学视频

01 ▶ 打开"烟花.png"素材，如图4-7所示。

02 ▶ 将图片上传至海螺AI，并添加提示词"烟花在空中绚丽绽放"，如图4-8所示。

图 4-7

图 4-8

03 单击 [　🔘30　] 按钮，等待几分钟后生成视频，播放视频，效果如图4-9所示。

图 4-9

2. 随心所欲的变换术

01 打开"乡村小院.png"素材，如图4-10所示。

02 将图片上传至海螺AI，输入提示词"画面中的小院，逐渐转换成巍峨的宫殿建筑"，如图4-11所示。

图 4-10

图 4-11

03 单击 [　🔘30　] 按钮，播放生成的视频，如图4-12所示，可以看到画面中的小院逐渐转换成巍峨的宫殿建筑。

图 4-12

3. 神秘的北极光

01 ▶ 打开"北极光.png"素材，如图4-13所示。

02 ▶ 将图片上传至海螺AI，输入提示词"极光闪烁，北极狐仰头看极光"，如图4-14所示。

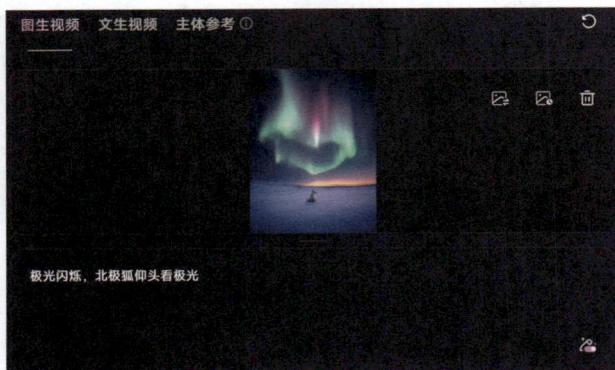

图 4-13   图 4-14

03 ▶ 进入生成视频模式，等待几分钟，播放生成的视频，可以看到北极光在空中变换出不同的形状，雪地上的北极狐形单影只，如图4-15所示。

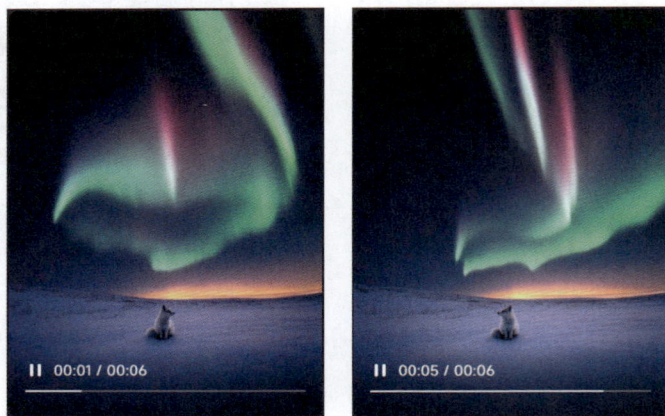

图 4-15

4.2.2　生成名画视频

1. 梵高自画像

01 ▶ 打开"梵高自画像.jpg"素材，如图4-16所示。

02 ▶ 将图片上传至海螺AI，不输入任何描述文字，如图4-17所示。

扫码看教学视频

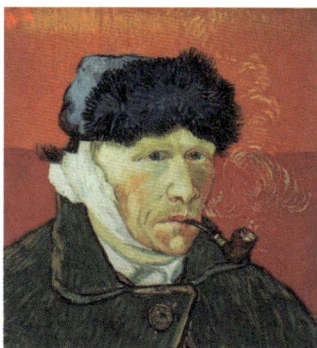

图 4-16

图 4-17

03 单击 按钮，生成视频后播放视频，观看效果，如图4-18所示。

图 4-18

2. 戴珍珠耳环的少女

01 打开"戴珍珠耳环的少女.png"素材，如图4-19所示。

02 在海螺AI中选择"图生视频"模式，上传图片，输入提示词"人物转过头来对着观众微笑"，如图4-20所示。

图 4-19

图 4-20

03 进入生成视频模式，等待视频生成，播放效果如图4-21所示。画面中的女孩子转过头来，边说话边对观众微笑。

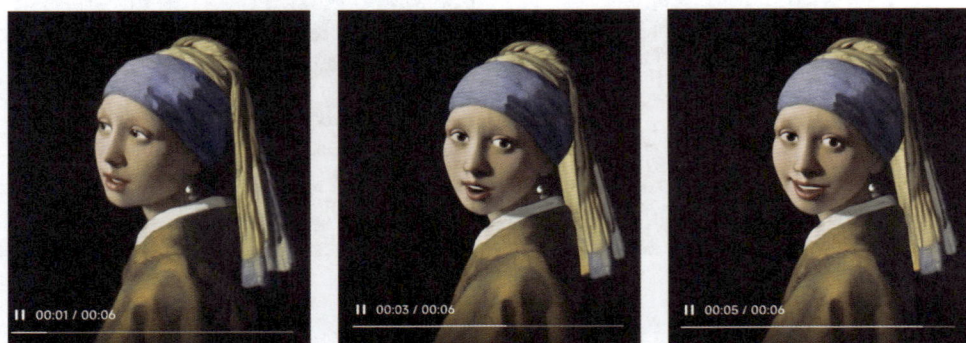

图 4-21

3. 最后的晚餐

01 打开"最后的晚餐.png"素材，如图4-22所示。

02 上传图片至海螺AI中的"图生视频"模式，输入提示词"画面中的人们在吃饭、交谈"，如图4-23所示。

图 4-22   图 4-23

03 生成视频后播放，可以看到餐桌边的人们在热烈地讨论着什么，如图4-24所示。

图 4-24

4.2.3 生成动物视频

扫码看教学视频

1. 神奇的动物秀场

01 打开"小仓鼠吃核桃.png"素材，如图4-25所示。

02 将图片上传至海螺AI，输入提示词"核桃变成棉花糖"，如图4-26所示。

图 4-25 图 4-26

03 单击 按钮，生成视频后播放以查看效果，如图4-27所示。小仓鼠手里的核桃突然变成了棉花糖，它不可置信地拿起棉花糖来认真确认。

图 4-27

2. 梦幻矮人国

01 打开"蘑菇小屋.png"素材，如图4-28所示。

02 将图片上传至海螺AI，输入提示词"画面中小屋的门打开，走出来几个小矮人"，如图4-29所示。

03 单击 按钮，播放生成的视频，如图4-30所示，可以看到画面中的小屋突然打开门，然后陆续走出一群小矮人。

图 4-28　　　　　　　　　　　　　　　　　　　图 4-29

图 4-30

3. 小猫咪是大花旦

01 打开"小猫咪是大花旦.png"素材，如图4-31所示。

02 上传图片至海螺AI，输入提示词"猫咪站起来走了"，为猫咪赋予动作，如图4-32所示。

图 4-31　　　　　　　　　　　　　　　　　　　图 4-32

03 播放生成的视频，只见原本端坐在镜头前的猫咪起身，毫不犹豫地走了，只在镜头中留下它的背影，如图4-33所示。

图 4-33

4. 雪山下的聚会

01 打开"雪山下的聚会.png"素材，如图4-34所示。

02 上传图片至海螺AI，输入提示词"大家把手上的食物投入沸腾的锅里"，如图4-35所示。

图 4-34

图 4-35

03 播放生成的视频，发现画面中的角色都动了起来，如图4-36所示，但没有准确地将手中的食物投入锅中。用户可以再次以相同的提示词生成视频，或者更改提示词，为角色辅以其他动作。

图 4-36

4.2.4 生成人物视频

扫码看教学视频

1. 突然出现的小可爱

01 打开"圣诞树.png"素材，如图4-37所示。

02 将图片上传至海螺AI，输入提示词"从圣诞树后面走出来一个戴着圣诞帽的可爱小女孩"，如图4-38所示。

图4-37

图4-38

03 单击 [30] 按钮，生成视频后播放，可以看到一个小女孩慢慢从圣诞树后面走到镜头前，如图4-39所示。

图4-39

2. 与火焰共舞

01 打开"与火焰共舞.png"素材，画面中的女孩子穿着一条由火焰做成的裙子，如图4-40所示。

02 上传图片至海螺AI，输入提示词"女孩子在走动"，如图4-41所示。

图 4-40   图 4-41

03 播放生成的视频，可以看到画面中的女孩子往前走动的时候旋转起来，裙摆飞扬，秀发轻舞，如图4-42所示。

图 4-42

3. 魔法带来的惊喜

01 打开"魔法师.png"素材，如图4-43所示。

02 将图片上传至海螺AI，输入提示词"在魔法棒的光亮处出现一只鸽子，然后女孩微笑"，如图4-44所示。

03 播放视频，可以看到随着魔法棒的光亮在闪烁，一只白鸽出现在画面中，女孩子开心地笑了起来，如图4-45所示。

图 4-43   图 4-44

图 4-45

4.2.5 生成漫画视频

1. 夏日物语

01 打开"夏日物语.png"素材，如图4-46所示。

02 将图片上传至海螺AI，不输入任何提示词，如图4-47所示。

扫码看教学视频

图 4-46   图 4-47

94

03 单击[30]按钮，等待几分钟后即可生成视频，播放结果如图4-48所示。
AI模型根据图片内容，为女孩和背景都添加了动态效果。

图 4-48

2. 树荫下的阅读

01 打开"树荫下的阅读.png"素材，如图4-49所示。

02 上传图片至海螺AI中的"图生视频"模式，输入提示词"女孩拿着书本站了起来"，为画面中的人物添加动作，如图4-50所示。

图 4-49

图 4-50

03 播放视频，画面中的女孩子先合上书本站了起来，再打开书本继续读，如图4-51所示。

图 4-51

3. 做饭进行时

01 打开"做饭进行时.png"素材，如图4-52所示。

02 上传图片至海螺AI，输入提示词"画面中的老奶奶转身拿来了一个白瓷盘"，如图4-53所示，让画面中的老奶奶行动起来。

图 4-52   图 4-53

03 播放视频，老奶奶转身，从后面拿了一个白瓷盘，转过身来脸上的笑容依旧，如图4-54所示。

图 4-54

4.3　参考主体生成视频的流程

通过上传主体图片，海螺AI可以在图片的基础上重新创造角色，并根据用户设定的剧情生成视频。需要注意的是，目前暂不支持除了人物之外的参考主体。

4.3.1　上传图片

在海螺AI的生成页面中选择"主体参考"模式，界面显示如图4-55所示。单击"添加参考角色"按钮，可以上传主体图片，在下方输入描述角色剧情的文字。在"角色库"中显示历史上传图片，单击左侧的上传角色按钮，如图4-56所示，在弹出的"打开"对话框中选择图片，单击"打开"按钮即可上传。

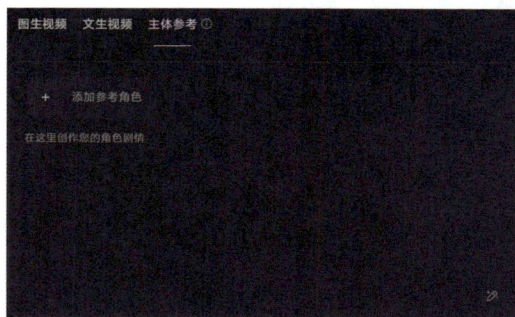

图 4-55

图 4-56

在"打开"对话框中单击"从移动设备上传"按钮，通过扫码可以从移动设备中选择图片进行上传。

接着打开"参考角色"对话框，经过系统检测合格后，单击"确认"按钮，如图4-57所示。稍等片刻，即可完成图片的上传。

图 4-57

4.3.2 生成并下载视频

在文本框中输入剧情描述文字，如"女孩子微笑，镜头缓缓推近，拍摄女孩子的脸部，聚焦她甜美的笑容，似乎被什么吸引了注意力，女孩抬头专注地看着远方，镜头缓缓拉远，电影级别调色，高清画质"，如图4-58所示。

在"模型"列表中选择模型，单击 按钮，如图4-59

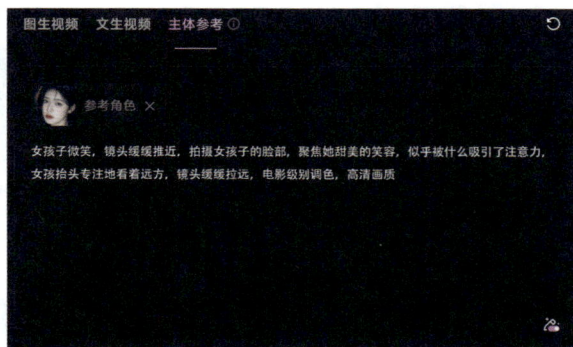

图 4-58

图 4-59

所示。进入根据主体创作视频模式，稍等几分
钟，即可生成视频，结果如图4-60所示。

　　播放视频，首先看到画面中的女孩子与主体
参考图片中的人物并不相同。这是因为AI模型会
根据主体创造新的角色，新角色吸收了参考主体的某些特点，如性别、发色、衣
着等。在此基础上根据剧情进行调整，最终结果会反映在视频中。

图 4-60

　　在视频中，女孩子先对着镜头微笑，接着转头，抬头看天空，镜头以固定机
位拍摄，通过推近拉远的操作，使画面发生变化，如图4-61所示。

图 4-61

　　单击视频进入预览页面，在页面中不仅可以预览视频的播放效果、阅读创意
描述文字、查看主体参考对象，还可以单击描述文字右上角的"复制"按钮，复
制文字，移作他用。

　　单击右下角的"下
载"按钮 ⬇，如图4-62
所示，将视频下载至指
定的存储路径。

图 4-62

4.4　参考主体生成视频实操

在本节中，通过参考不同类型的主体图片，输入创意描述文字，创造新角色来演绎剧情。对于主体图片的获得，可以从网络上下载，可以是实拍的人像作品，利用其他的AI工具生成图片。

4.4.1　参考主体生成侠客行视频

01 打开"侠客.png"素材，图片的背景是长安城，清晨的街道，空无一人，只有一名黑衣侠客握着剑在路上走着，如图4-63所示。

02 在海螺AI生成页面中选择"主体参考"模式，单击"添加参考角色"按钮，在弹出的对话框中单击"上传角色"按钮 ⤒，在"打开"对话框中选择图片，单击"打开"按钮。在稍后弹出的对话框中单击"确认"按钮，如图4-64所示。

图 4-63

图 4-64

03 输入角色剧情文字"男子向前行走，镜头跟随拍摄，缓缓聚焦到他的上半身，他听见右前方的动静，转身往右走去，镜头慢慢拉远，拍摄他的背影，纪录片电影调色，高清画质"，如图4-65所示。

在描述文字中，为男子添加了行走的动作，同时配合镜头的动作，使画面随着视频的播放进度发生变化。指定画面的调色风格为"纪录片电影调色"，可以使视频画面接近电影级别的调色，更加有质感。

04 单击 ⟨●45⟩ 按钮，等待几分钟，在右侧的列表中显示生成的视频，如图4-66所示。

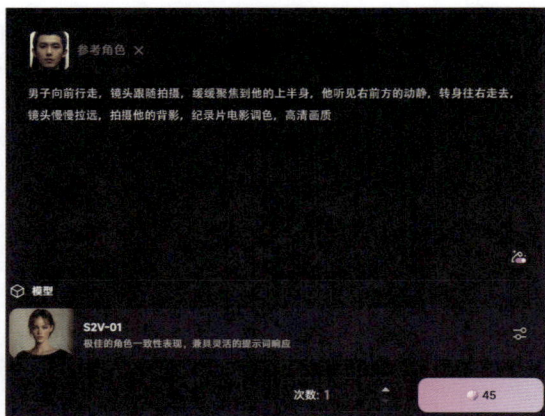

图 4-65

图 4-66

05 播放视频，画面中的人物与参考主体不同，但是继承了参考主体的特性，如古装发型、侠客服装，动作则大部分参考提示词来表现，如向前走、转身、背影，如图4-67所示。

图 4-67

4.4.2 参考主体生成古代仕女视频

扫码看教学视频

01 打开"古代仕女.png"素材，在光影温暖的宫廷背景中，一个古代仕女拿着纨扇半遮脸庞，微垂眼眸，似乎在感受某种感觉，也似乎在倾听远处传来的音乐，如图4-68所示。

02 在海螺AI生成页面中选择"主体参考"模式，单击"添加参考角色"按钮，在弹出的对话框中单击"上传角色"按钮⬆，在"打开"对话框中选择图片，单击"打开"按钮。在稍后弹出的对话框中单击"确认"按钮，如图4-69所示。

03 输入提示词"镜头固定拍摄，女孩子睁开双眼，拿下扇子，微笑，镜头慢慢拉远，呈现屋内的情景，电影级别调色，高清画质"，如图4-70所示。

图 4-68

图 4-69

在提示词中，先采用固定机位拍摄女孩子的上半身，为她赋予两个动作——"拿下扇子""微笑"，接着再拉远镜头，呈现她身处的室内环境。

04 单击 45 按钮，进入生成视频模式，生成结果显示在右侧的列表中，如图4-71所示。

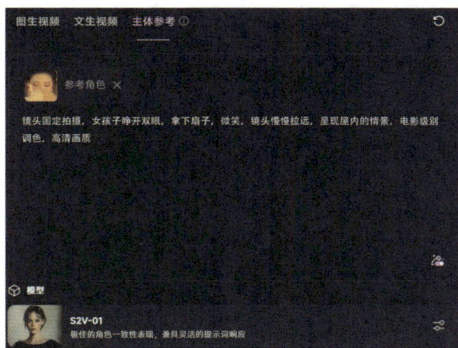
图 4-70

图 4-71

05 播放视频，可以看到AI模型根据参考主体重新生成了人物、扇子及室内环境。同样是古代仕女，发饰与服饰发生改变，纨扇改成折扇，宫殿环境改成类似于起居室或会客厅的空间。镜头在推近拉远之间表现女子的面部表情与室内环境，如图4-72所示。

图 4-72

4.4.3 参考主体生成玩游戏男子的视频

扫码看教学视频

01 打开"玩游戏的男子.png"素材，画面中的白发男子正在双手拿着手机专注地看着，也许是在玩游戏，背景是室内，暖黄色的灯光投射下来，如图4-73所示。

02 在海螺AI生成页面中选择"主体参考"模式，单击"添加参考角色"按钮，在弹出的对话框中单击"上传角色"按钮 ⬆，在"打开"对话框中选择图片，单击"打开"按钮。在稍后弹出的对话框中单击"确认"按钮，如图4-74所示。

图 4-73　　　　　　　　　　　　　　　　图 4-74

03 输入提示词"男子放下手机，镜头向前移动，聚焦在他开心大笑的表情上，然后镜头拉远，电影级别调色，高清画质"，如图4-75所示。

在提示词中，先为男子赋予动作——"放下手机"，再移动镜头，拍摄他的表情，接着拉远镜头，最后淡出画面，同样指定"电影级别调色"，"高清画质"的设定可以保持画面的清晰度，使观众获得良好的观看体验。

04 单击 45 按钮，等待视频生成，生成结果显示在右侧的列表中，如图4-76所示。

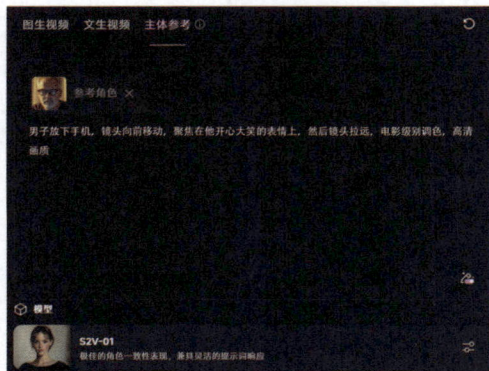

图 4-75　　　　　　　　　　　　　　　　图 4-76

05 播放视频，可以看到画面中的男子基本与参考人物相一致，一头银发，戴着黑框眼镜，身穿黑色长袖，拿着手机站起来，镜头聚焦在他脸上的笑容，如图4-77所示。

图 4-77

4.4.4 参考主体生成放学的小女孩视频

01 打开"放学后.png"素材，画面中的小女孩站在黄色校车的车门旁边，好奇地张望着什么，似乎正在和什么人说话，午后的阳光和煦，背景虚化处理，如图4-78所示。

02 在海螺AI生成页面中选择"主体参考"模式，单击"添加参考角色"按钮，在弹出的对话框中单击"上传角色"按钮 ⬆️，在"打开"对话框中选择图片，单击"打开"按钮。在稍后弹出的对话框中单击"确认"按钮，如图4-79所示。

图 4-78　　　　　　　　　　　　　　　　图 4-79

03 输入提示词"小女孩从校车上下来，走路回家，镜头跟随拍摄，她高兴地东张西望，纪录片电影调色，高清画质"，如图4-80所示。

在提示词中，为小女孩赋予了动作，如"从校车上下来""走路回家""东张西望"，一连串的人物动态使人物更活泼，充满童趣与天真。

04 单击 [45] 按钮，进入生成视频模式，等待片刻，在右侧的列表中显示生成的视频，如图4-81所示。

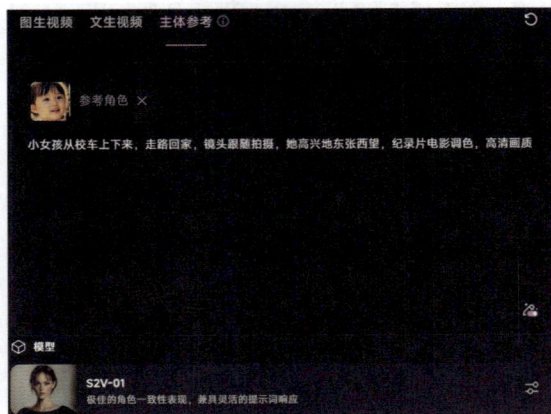

图4-80　　　　　　　　　　　　　　　图4-81

05 播放生成的视频，画面中的小女孩形象与参考主体相比发生了改变。AI模型创作的人物角色是齐刘海、波波头，穿碎花裙子，背黑书包，走在午后的街道上，兴奋地左看右看，如图4-82所示。

图4-82

4.4.5　参考主体生成古堡女巫视频

扫码看教学视频

01 打开"古堡女巫.png"素材，图片中的女巫穿着黑斗篷，身处幽暗的古堡，脸上挂着神秘莫测的表情，正在搅拌一锅不知有何用处的热汤，如图4-83所示。

02 在海螺AI生成页面中选择"主体参考"模式，单击"添加参考角色"按钮，在弹出的对话框中单击"上传角色"按钮，在"打开"对话框中选择图片，单击"打开"按钮。在稍后弹出的对话框中单击"确认"按钮，如图4-84所示。

图4-83　　　　　　　　　　　　　　　　　图4-84

03 输入提示词"女巫搅拌冒着热气的锅，对着镜头笑起来，镜头渐渐拉远，呈现古堡内部的情景，纪录片电影调色，高清画质"，如图4-85所示。

在提示词中，为女巫指定"搅拌汤锅"的动作，还有"对着镜头笑起来"的面部表情，最后添加镜头动作，即拉远镜头，使古堡内部的情景显示在画面中。

04 单击 ⬛45 按钮，等待几分钟，生成的视频显示在右侧的列表中，如图4-86所示。

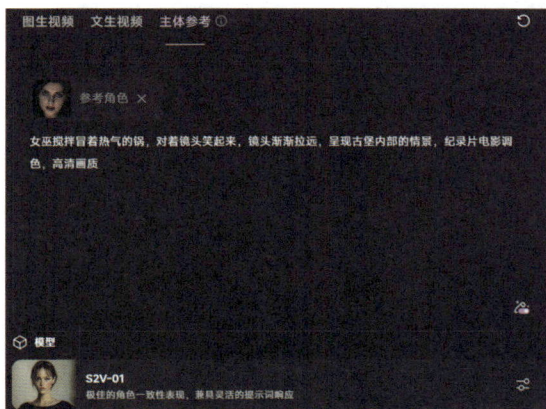

图4-85　　　　　　　　　　　　　　　　　图4-86

05 播放视频，画面中女巫的形象与参考主体大致相同，但是沸腾的锅变大了，女巫戴上了红手套，拿着长柄木勺在搅拌冒着热气的锅，在拉远镜头展示古堡的内景时，一名黑衣男子忽然出现在画面中，如图4-87所示。

图 4-87

4.4.6 参考主体生成琉璃妖仙视频

扫码看教学视频

01 打开"琉璃妖仙.png"素材，图片中的女孩子身穿浅蓝色的古装，头上戴着琉璃饰品，神情忧郁，伸出一只手在抛洒雪花，背景虚化，如图4-88所示。

02 在海螺AI生成页面中选择"主体参考"模式，单击"添加参考角色"按钮，在弹出的对话框中单击"上传角色"按钮，在"打开"对话框中选择图片，单击"打开"按钮。在稍后弹出的对话框中单击"确认"按钮，如图4-89所示。

图 4-88

图 4-89

03 输入提示词"琉璃妖仙忧郁地看着观众，镜头聚焦在妖仙的表情变化上，她突然笑了起来，镜头缓缓拉远，拍摄妖仙起身离去的背影，纪录片电影调色，高清画质，自然光影"，如图4-90所示。

在提示词中，为人物指定"忧郁"的眼神，移动镜头，拍摄她的脸部表情，将镜头拉远，拍摄她起身离去的背影。

04 单击 ▶45 按钮，进入视频生成模式，等待片刻，生成的视频如图4-91所示。

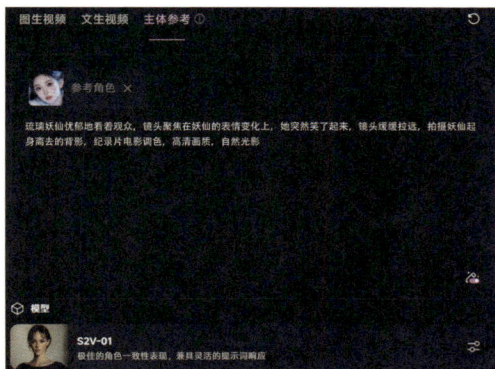

图 4-90　　　　　　　　　　　　　　　图 4-91

05　播放视频，可以看到画面中的女孩子从发饰、妆容到服装都发生了变化，雪地的背景也改成了野外。身穿白衣的长发女孩子一副泫然欲泣的模样，随即她转过身站了起来，留下侧影，视频到此结束，如图4-92所示。

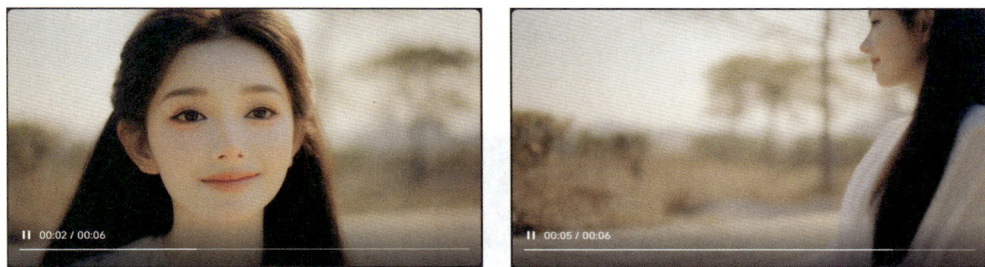

图 4-92

4.4.7　参考主体生成白发仙师视频

扫码看教学视频

01　打开"白发仙师.png"素材，画面中的白发仙师正张开双手，手掌朝上，闭着眼眸，似乎在默诵咒语，火焰与水浪围绕着他，在水深火热的环境中仙师仍然保持镇定，充满了玄幻感，如图4-93所示。

02　在海螺AI生成页面中选择"主体参考"模式，单击"添加参考角色"按钮，在弹出的对话框中单击"上传角色"按钮☝，在"打开"对话框中选择图片，单击"打开"按钮。在稍后弹出的对话框中单击"确认"按钮，如图4-94所示。

03　输入提示词"白发仙师操纵水与火，火光绚烂，水浪奔腾，镜头向前推近，拍摄仙师的脸部，他对着镜头开口说话，嘴中念念有词，镜头拉远，拍摄仙师被水浪与火焰包围的情景，电影级别调色，高清画质"，如图4-95所示。

图 4-93	图 4-94

在提示词中，指定仙师的动作，如"操纵水与火""开口说话""嘴中念念有词"，接着是环境描写，如"火光绚烂""水浪奔腾"，最后拉远镜头，拍摄全景。

04 单击 [45] 按钮，等待几分钟，生成视频后显示在右侧的列表中，如图 4-96 所示。

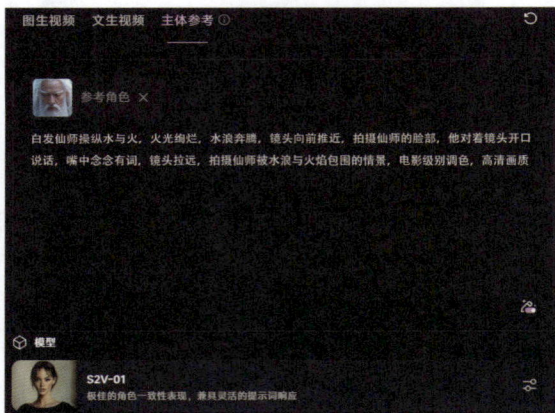
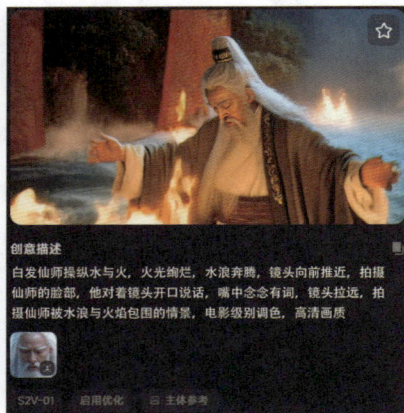

图 4-95	图 4-96

05 播放视频，可以看到画面中的仙师与参考主体有很大的不同，发型与服装都发生了变化，背景的火焰与水浪效果也不太理想，缺少了一些澎湃感与灼烧感，如图 4-97 所示。在这种情况下，AI 模型对提示词的理解和用户的想象不同，可以再次生成，也可以调整提示词后再生成，使结果更加符合用户的想象或需求。

图 4-97

4.5　图生视频综合案例

本节介绍利用图片创作视频的几种方式，如固定主体和场景完成一段情节的描述，通过合成图片，实现主角穿越的效果，利用尾帧续写镜头，稳固主体形象。

4.5.1　固定主体完成叙事

扫码看教学视频

利用主体相同的图片，可以生成主角、背景一致的一段视频。本节将大熊猫母子作为主角，以充满阳光的厨房为背景，讲述大熊猫妈妈喂幼崽吃饭，最后抱着幼崽离开的情节。

01 打开"大熊猫母子.png"素材，画面中的大熊猫妈妈抱着幼崽，桌面上摆着一碗饭菜，妈妈拿着调羹，幼崽伸手去够饭碗，背景是温暖明亮的厨房，如图4-98所示。

02 登录海螺AI，在生成页面中选择"图生视频"模式，上传图片，输入提示词"熊猫妈妈给熊猫幼崽喂饭"，如图4-99所示。

图 4-98

图 4-99

在提示词中，只为熊猫妈妈指定了一个动作——"喂饭"，没有过多的文字。熊猫妈妈在执行这个动作的时候，熊猫幼崽会配合妈妈，完成"张嘴""吃饭"的动作。

03 单击 ⬚ 按钮，进入视频生成模式，等待几分钟，完成生成视频的操作。

04 播放视频，可以看到在画面中妈妈舀起一勺饭菜，幼崽张嘴；接着妈妈把饭菜伸向幼崽，幼崽脑袋前倾，嘴巴张大以便接下饭菜，如图4-100所示。

图 4-100

05 视频播放到最后，截取尾帧，保存为图片，如图4-101所示。

06 在"图生视频"模式下上传尾帧图片，输入提示词"熊猫妈妈放下勺子，抱着熊猫幼崽起身离开"，如图4-102所示。

在提示词中，为熊猫妈妈指定了动作，如"放下勺子""抱着幼崽""起身离开"，结束"喂饭"这个行为。

图 4-101

图 4-102

07 单击 ⬚ 按钮，等待视频生成；播放视频，画面中熊猫妈妈似乎在哄幼崽吃饭，接着放下勺子抱起幼崽，最后起身离开，如图4-103所示。

图 4-103

4.5.2 利用尾帧续写镜头

扫码看教学视频

海螺AI每次能生成6s视频，利用视频的尾帧，可以继续生成视频，在延长视频的同时，还能保持主体的一致性。

01 打开"女孩和白龙.png"素材，画面中白色的巨龙与金发的女孩对视，背景是茂密的森林，如图4-104所示。

02 在海螺AI中的生成页面中，在"图生视频"模式下上传图片，输入提示词"女孩伸手去触碰巨龙的鼻子"，如图4-105所示。

图 4-104

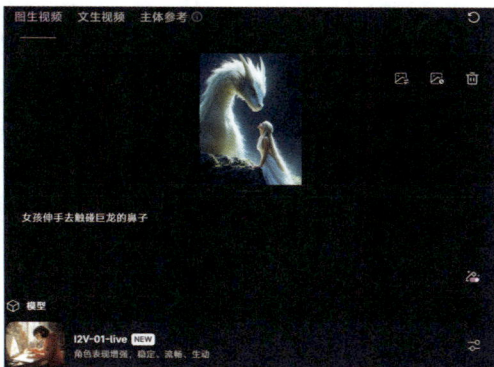

图 4-105

03 单击 按钮，稍等几分钟，即可生成视频。播放生成的视频在画面中女孩子向巨龙伸出双手，抚触巨龙的下巴，如图4-106所示。

图 4-106

04 播放视频到最后，截取尾帧，另存为图片，如图4-107所示。

05 在"图生视频"模式中上传图片，输入提示词"女孩爬上岩石，抱住巨龙的脖子"，如图4-108所示。

在提示词中，为女孩指定了两个动作——"爬上岩石""抱住巨龙的脖子"，有时候AI模型会无法识别动作描述语言，结果是按AI模型自己的想法来创作视频。

图 4-107

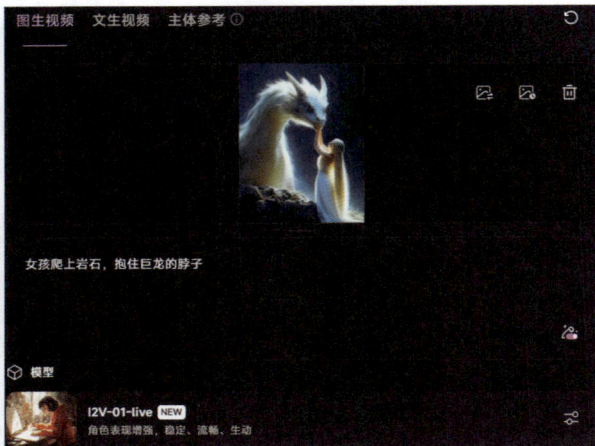

图 4-108

06 播放生成的视频，可以看到画面中的女孩子没有爬上岩石，也没有抱住巨龙的脖子；而是巨龙俯下龙头，靠近女孩，亲昵地互动，如图4-109所示。

AI模型不遵照提示词生成视频是常见的情况，这时可以使用相同的提示词再次执行生成视频操作，或者调整提示词后再次生成。

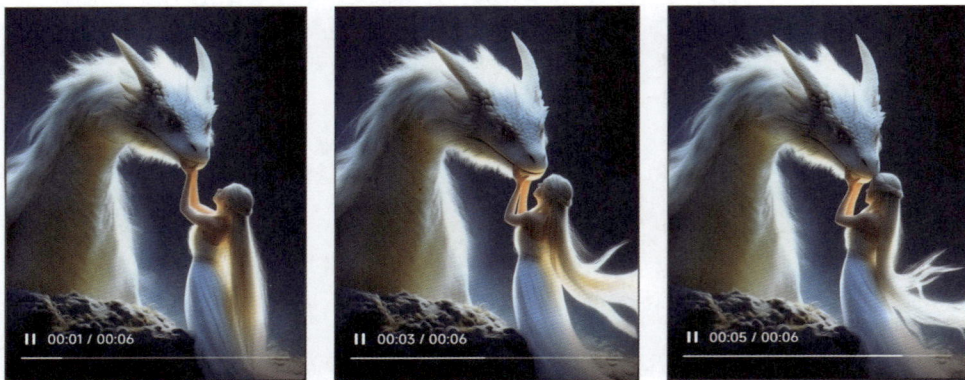

图 4-109

07 播放视频到最后，截取效果较好的一帧，另存为图片，如图4-110所示。

08 在"图生视频"模式下上传图片，输入提示词"巨龙腾空飞起"，如图4-111所示。

图 4-110

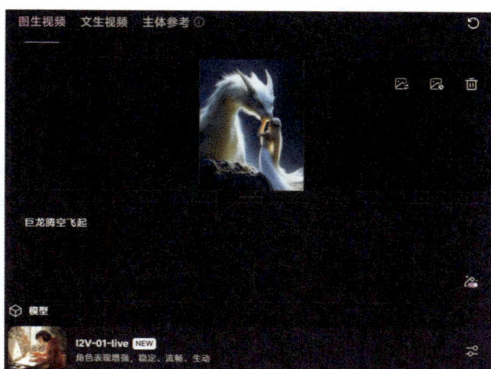

图 4-111

09 单击 30 按钮，等待视频生成，播放视频，画面中的巨龙突然转身，展开双翼腾飞，女孩留在原地，望着巨龙渐渐飞远，消失在天际，如图4-112所示。

用户也可以为女孩指定动作，但是AI模型的理解能力有限，不一定每次都能同时为两个主体赋予动作。这时可以采取一次为一个主体指定动作，通过拼接视频片段，构成一段完整的视频。

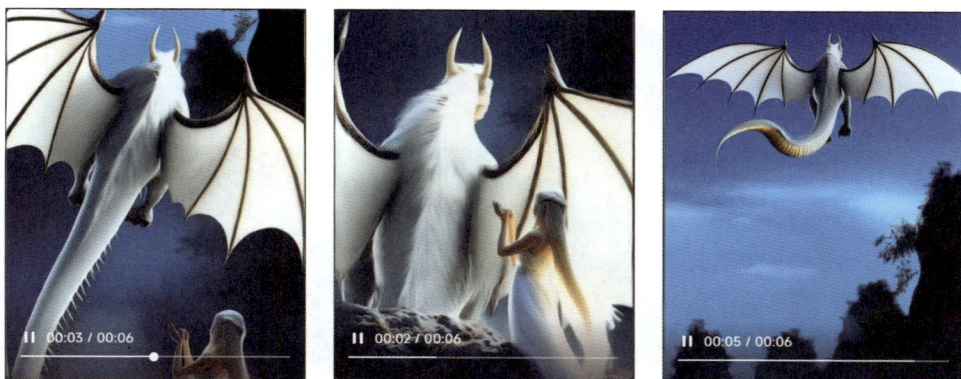

图 4-112

4.5.3 合成图片穿越融合

通过合成图片，可以更改主体原本的环境，使其"穿越"到完全不同的场景中，还可以在改变主体环境的同时，为主体指定动作。需要注意的是，动作不要过于复杂，以免AI模型无法识别，导致生成失败。

扫码看教学视频

1. 穿越到沙漠

01 打开"女孩.png"素材，画面中的女孩子穿着衬衫牛仔裤，背着背包，潇洒地走在原野中，一派岁月静好的氛围，如图4-113所示。

02 打开"沙漠.png"，画面中展示了广阔的沙漠、一望无垠的蓝天，以及耀眼的太阳，如图4-114所示。

图 4-113

图 4-114

03 将两张图片导入Photoshop，合并图片，如图4-115所示。

04 在海螺AI中选择"图生视频"模式，上传合并的图片，输入提示词"女子走向沙漠，站在沙漠上，抬头望着天空，镜头缓缓右移"，如图4-116所示。

在提示词中，为女子指定了"走向沙漠"的动作，同时镜头跟随拍摄，并向右移动，使女子的身影始终出现在镜头里。

图 4-115

图 4-116

05 单击 按钮，等待视频生成。播放生成的视频，女子从原野走向沙漠，根据提示词赋予的动作，抬头仰望天空，感受天地的辽阔与壮美，如图4-117所示。

图 4-117

2. 穿越到罗马广场

01 打开"女孩.png"素材，如图4-118所示。

02 打开"广场.png"素材，画面展示了宽阔的广场、环形长廊，罗马风格的廊柱有规律地排列在长廊的一侧，蓝天白云，阳光正好，如图4-119所示。

图 4-118

图 4-119

03 启动Photoshop应用程序，导入女子、广场图片，将两张图片合并为一张图片，如图4-120所示。

04 在"图生视频"模式下上传图片，输入提示词"女子走向广场，站在广场上，好奇地看着周围的环境，镜头缓缓右移"，如图4-121所示。

图 4-120

图 4-121

在提示词中，指定了当女子走向广场后，为其添加一个动作——"好奇地看着周围的环境"，丰富人物行为，增加视频趣味。

05 单击 按钮，等待几分钟，即可生成视频。播放生成的视频，可以看到女子从原野一脚迈进明亮宽阔的广场，随着镜头向右运动，原野环境被屏蔽在镜头之外，画面只表现身处广场的女子，如图4-122所示。

图 4-122

3. 穿越到草原

01 打开"女孩.png"素材，她双手插兜，悠闲地在原野散步，如图4-123所示。

02 打开"草原.png"素材，远处有起伏的青山，近处有植被丰茂的草原，天空乌云密布，似乎在酝酿一场大暴雨，如图4-124所示。

图 4-123   图 4-124

03 将两张图片一起导入Photoshop，合并图片，如图4-125所示。也可以将女子的图片放置在左侧，但是需要对图片执行"水平翻转"操作，使女子面向草原。

04 在"图生视频"中上传合并的图片，输入提示词"女子走向草地，站在草地上，张开双手，镜头缓缓右移"，如图4-126所示。

图 4-125　　　　　　　　　　　　　　　图 4-126

05 ▶ 单击 [　　30　] 按钮，生成视频，可以看到女子从原野一脚迈入草原，张开双臂，迎面吹来清爽的凉风，长发飘扬，如图4-127所示。

图 4-127

4. 穿越到现代客厅

01 ▶ 打开"女孩.png"素材，如图4-128所示。

02 ▶ 打开"客厅.png"，画面中的客厅盈满午后的阳光，具有慵懒的氛围，灰尘在阳光下飞舞，窗外绿植茂盛，如图4-129所示。

图 4-128　　　　　　　　　　　　　　　图 4-129

03 启动Photoshop应用程序，导入这两张图片，合并图片，效果如图4-130所示。

04 在海螺AI中进入生成页面，在"图生视频"模式下输入提示词"女子走向客厅，站在地板上，取下背包，镜头缓缓右移"，如图4-131所示。

在提示词中为女子指定了动作，即"走向客厅""取下背包"，有时候AI模型会根据情况自行删减或添加人物动作。

图 4-130

图 4-131

05 单击 按钮，等待视频生成。播放视频，女子一边从原野往客厅走，一边取下背包。镜头跟随拍摄，女子将背包放在沙发上，拉开拉链，准备从里面拿东西出来，如图4-132所示。

图 4-132

4.5.4 参考主体/文生视频/图生视频的综合运用

用户可以综合运用上述介绍的生成视频的方法，通过指定情节来生成符合需要的视频。

扫码看教学视频

1. 生成第一段视频

01 打开"白衣女子.png"素材，画面中一个身穿白色汉服的女子，站在阳光下，背景是中式庭院，如图4-133所示。

02 在海螺AI中进入生成页面，在"主体参考"模式下上传图片，在"参考角色"对话框中单击"确认"按钮，如图4-134所示。

图 4-133　　　　　　　　　　　图 4-134

03 输入提示词"女子走在中式庭院的小道上，镜头跟随拍摄，电影级别调色，高清画质"，如图4-135所示。

　　如果对镜头语言不是十分熟悉，可以简单化叙述，方便AI模型理解，反而能得到较为满意的结果。

04 单击 45 按钮，进入生成视频模式，等待几分钟，在右侧的列表中显示生成的视频，如图4-136所示。

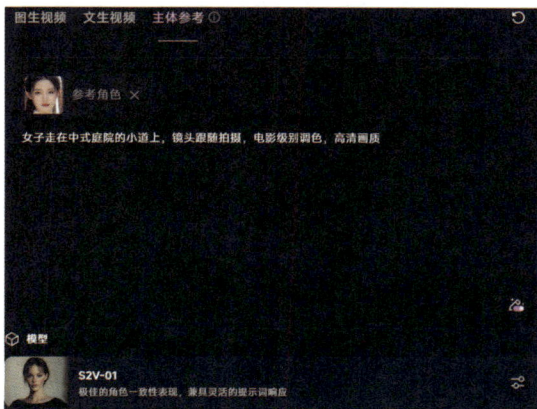

图 4-135　　　　　　　　　　　图 4-136

05 播放生成的视频，可以看到在庭院背景中，白衣女子姿态悠闲地走在小道上，如图4-137所示。

图 4-137

2. 生成第二段视频

01 在海螺AI的生成页面中，选择"文生视频"模式，输入提示词"中式庭院里的木格子门，镜头推近拍摄，电影级别调色，高清画质"，如图4-138所示。

02 单击 ⬤ 30 按钮，稍等片刻，生成的视频显示在右侧的列表中，如图4-139所示。

选择什么方式来生成视频不是固定的。这一段视频主要表现庭院里的木格子门，通过"文生视频"就能较好地表现。

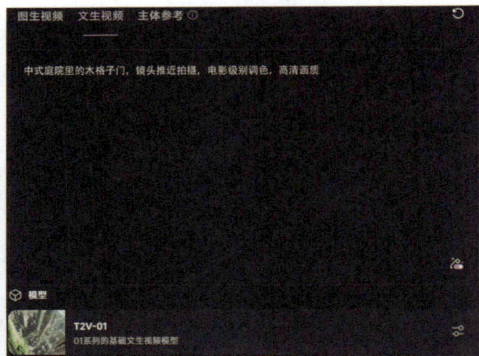

图 4-138

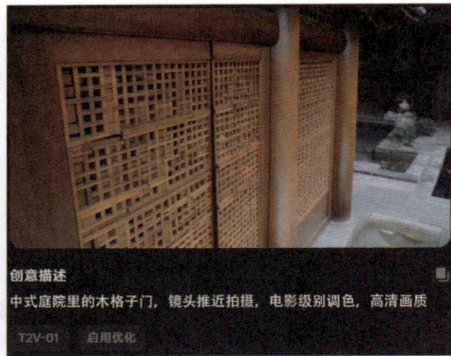

图 4-139

03 播放生成的视频，木格子门随着镜头的移动呈现在画面中，如图4-140所示。

图 4-140

3. 生成第三段视频

01 打开"女子侧面像.png"素材，画面中的白衣女子站在中式风格的房间里，眼神向下，似乎在看什么，或者正在倾听某人说话，如图4-141所示。

02 选择"图生视频"模式，上传图片，输入提示词"女子走到桌边坐下，镜头跟随拍摄，电影级别调色，高清画质"，如图4-142所示。

图 4-141　　　　　　　　　　　　　　　图 4-142

用户可以通过截取视频尾帧的方式得到用来生成视频的素材图，也可以参考本例的做法，重新上传一张相似的图片，即画面中是身穿白色汉服的女子，黑色的长发，精致的妆容。不要使用与原始主体相差较大的人物，以免视频前后出现较大的反差，影响画面效果。

03 单击 ▢ 30 ▢ 按钮，等待视频生成。播放视频，可以看到画面中的女子转身，镜头随之拉远，拍摄她走到桌边，坐下，一副若有所思的表情，如图4-143所示。

图 4-143

4. 生成第四段视频

01 打开"书法.png"素材，画面中的白衣女子正在室内写书法，静谧的环境，如图4-144所示。

02 在"图生视频"模式下上传图片，输入提示词"女子在专心地写书法，镜头拉远，拍摄屋内的环境，电影级别调色，高清画质"，如图4-145所示。

虽然提示词中指定了镜头的动作，但不是每一次镜头都会完全按照提示词来运动，也会出现不一致的情况。在这种情况下，需要重复生成。

图 4-144   图 4-145

03 单击 ⬚ 按钮，生成视频。播放生成的视频，可以看到女子在写书法的动作，没有拉远镜头拍摄室内全景，如图4-146所示。

图 4-146

5. 生成第五段视频

01 播放视频至最后，截取尾帧，另存为图片。

02 在"图生视频"模式下上传图片，输入提示词"女子放下笔向镜头走过来，电影级别调色，高清画质"，如图4-147所示。

03 单击 ⬚ 按钮，等待视频生成，生成结果显示在右侧的列表中，如图4-148所示。

由于生成的视频没用按照提示词执行拉远拍摄室内全景操作，因此在这里为女子添加动作——"放下笔向镜头走过来"，这样即使镜头仍然不动，通过为人物赋予动作，也可以使画面"动"起来。

图 4-147

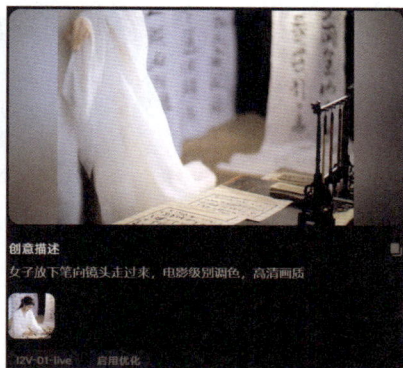

图 4-148

04 播放视频，可以看到镜头是固定拍摄的，画面中的女子站起来，离开画面，镜头定格在空无一人的书桌前，如图4-149所示。

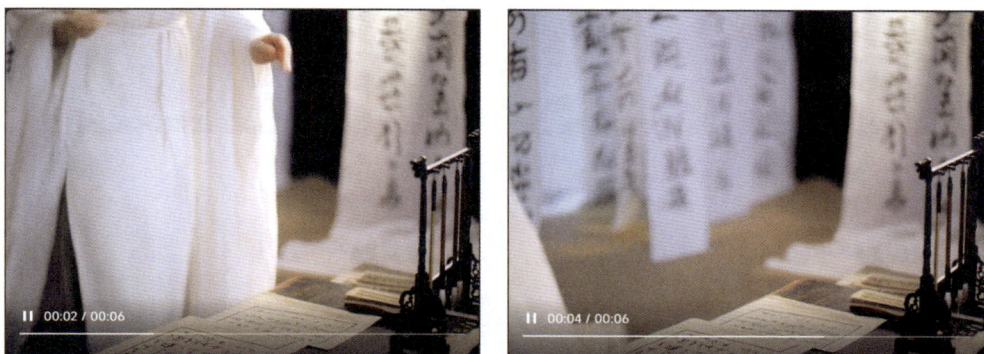

图 4-149

6. 生成第六段视频

01 上传"庭院里的女子.png"素材，画面中的女子站在庭院里，侧身在看着什么，镜头是隔着门框拍摄的，画面左右两侧显示虚化的木质框架，如图4-150所示。

02 在"图生视频"模式下上传图片，输入提示词"女子走在中式庭院里，以固定镜头拍摄她远去的背影，电影级别调色，高清画质"，如图4-151所示。

这是一段结尾视频，初衷是拍摄白衣女子渐行渐远的背影，以固定镜头拍摄，画面中运动的主体是人物。

图 4-150

图 4-151

03 单击 [⏱30] 按钮，生成视频。播放生成的视频，女子转身向前走，但是没有等背影渐渐变小，视频就结束了，如图4-152所示。

图 4-152

7. 生成第七段视频

01 播放视频至最后，截取尾帧，另存为图片，如图4-153所示。

02 在"图生视频"模式下上传图片，输入提示词"以固定镜头拍摄女子渐渐走远的背影，电影级别调色，高清画质"，如图4-154所示。

图 4-153

图 4-154

为了弥补上一段视频的不足，在这里继续为女子指定"渐行渐远"的动作，AI模型会在此基础上使人物多走一段路，得到背影渐渐远去的效果。

03 单击 [30] 按钮，等待几分钟，生成视频。播放生成的视频，画面中的女子轻快地向前走去，镜头固定不动，她的身影越来越小，播放效果如图4-155所示。

图 4-155

第 5 章 使用 AI 生成背景音乐

本章介绍利用海螺AI创作音乐的方法。利用海螺AI可以创作歌词，并在歌词的基础上编曲、生成音乐。用户在这个过程中可以加入自己的创意，使音乐更加富有个性色彩。

5.1 音乐创作的基本流程

本节介绍创作音乐的基本流程，包括生成歌词、选择曲风、生成音乐及下载音乐等步骤。用户在试听的过程中如果觉得不满意，可以随时返回修改。

5.1.1 使用海螺AI生成一段歌词

登录海螺AI，在主页的右上角单击"音乐"按钮，进入创作音乐页面，如图5-1所示。在"歌词创造"下方，"请输入歌名（必填）"为必须填入内容的选项，再在歌名的下方输入歌词，如图5-2所示。

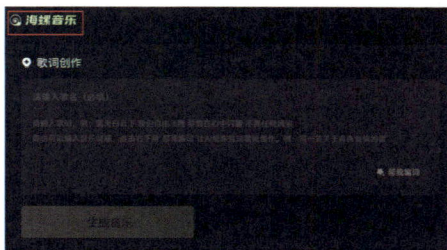

图 5-1

图 5-2

单击右下角的"帮我编词"按钮，弹出提示框，如图5-3所示，直接单击"确定"按钮即可。稍等片刻，预览编写结果，如图5-4所示。AI模型根据用户输入的歌名和歌词来重新编词，优化表达方式。即使是非专业的音乐工作者，也能在AI模型的帮助下创作歌词。

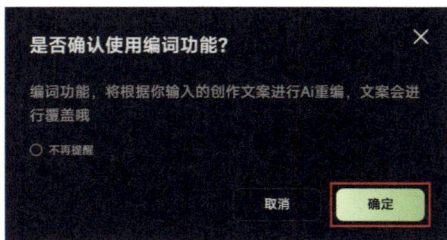

图 5-3

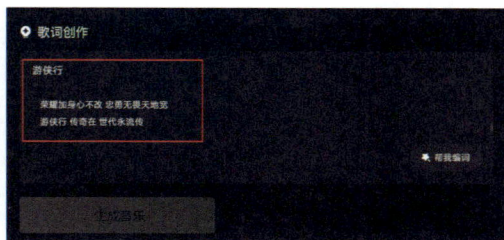

图 5-4

5.1.2 选择一种喜欢的曲风

在"选择曲风"选项区域，提供了多种歌曲曲风供用户选择，如图5-5所示，包括流行、都市、摇滚和嘻哈等。选择其中一种，如"嘻哈"，可以在弹出的列表中选择曲目进行试听，如图5-6所示。选择喜欢的曲风后就可以开始生成音乐了。

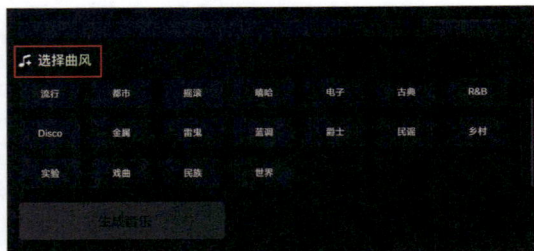

图 5-5

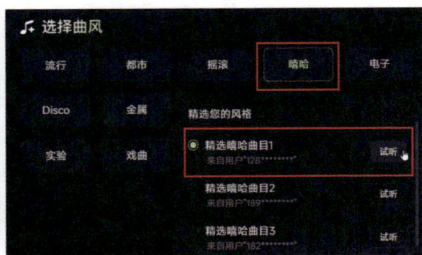

图 5-6

5.1.3　生成音乐

在页面的右侧，显示"精选"音乐与"我的创作"记录。在"精选"选项卡中，显示系统推荐的曲目，如图5-7所示，单击播放按钮即可试听。在"我的创作"选项卡中，保留创作记录。

单击"生成音乐"按钮，如图5-8所示，即可开始生成音乐。

图 5-7

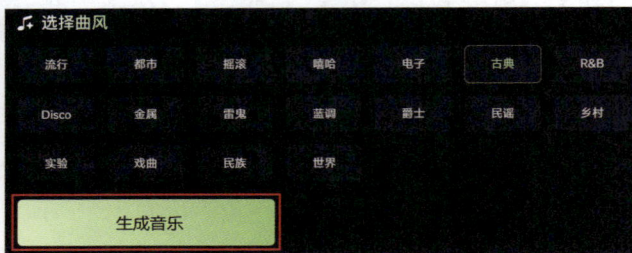

图 5-8

5.1.4　下载生成的音乐进行

如图5-9所示为音乐正在生成的过程，稍等几秒，就可以试听音乐。如果觉得满意的话，单击下载按钮，如图5-10所示，即可将音乐下载至指定的路径。

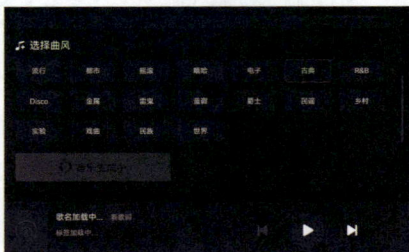

图 5-9

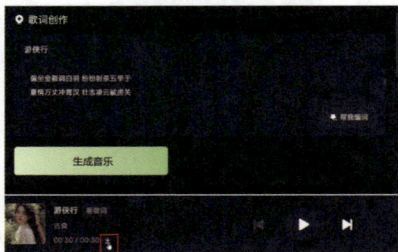

图 5-10

128

5.2　音乐创作实操

本节介绍利用海螺AI创作音乐的实际操作方法。根据个人的构想输入歌曲名称、歌词，利用AI模型优化、生成歌词，再确定歌曲的曲风，就可以进入生成音乐阶段，等待数秒后得到一首歌曲。

5.2.1　生成流行音乐

扫码看教学视频

01　打开海螺AI主页，进入海螺AI音乐页面。输入歌名"追寻光芒"，接着输入一段歌词"走在城市的边缘，霓虹灯下影子长，心中的梦想在呼唤，却找不到方向"，如图5-11所示。

02　单击右下角的"帮我编词"按钮，稍等片刻，即可浏览编写歌词的结果，如图5-12所示，向下滑动列表可以阅读完整歌词。

图 5-11

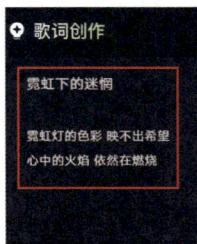

图 5-12

03　在"选择曲风"选项区域单击"流行"按钮，在弹出的列表中选择曲目，单击"试听"按钮，如图5-13所示。对播放效果满意的话单击"生成音乐"按钮，开始生成音乐。

04　试听音乐的效果，如图5-14所示。

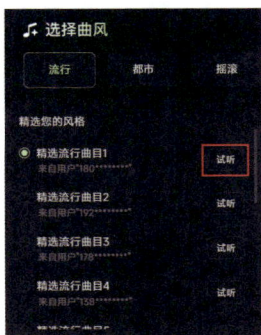

图 5-13

图 5-14

05 单击"看歌词"按钮，打开如图5-15所示的窗口，在其中显示歌曲名称、曲风及歌词，最后单击下载按钮⬇下载音乐即可。

图 5-15

5.2.2 生成摇滚音乐

01 在"歌词创作"下的文本框中输入歌名"打破枷锁"，接着输入一段歌词"街头的灯光在闪烁，心中的怒火在燃烧，他们告诉我规矩和法则，但我不想再被捆绑"，如图5-16所示。

02 单击"帮我编词"按钮，等待AI模型优化歌名与歌词，结果如图5-17所示。

图 5-16

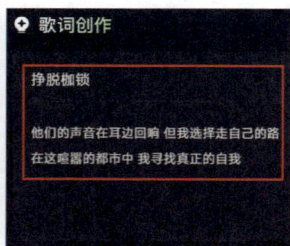

图 5-17

03 在"选择曲风"选项区域单击"摇滚"按钮，在弹出的列表中试听推荐曲目，如图5-18所示。

04 单击"生成音乐"按钮，试听生成的音乐，如图5-19所示。

05 单击"看歌词"按钮，在打开的窗口中显示完整的歌词，如图5-20所示。

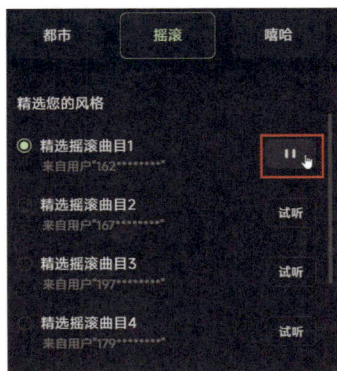

图 5-18

图 5-19

图 5-20

5.2.3　生成古典音乐

`01`　在"歌词创作"下方的文本框中输入歌曲名称"时光的咏叹"，接着输入一段歌词"晨曦初露，露珠闪烁，微风轻拂，花瓣飘落。岁月如歌，悠悠流淌，青春如梦，转瞬即逝"，如图5-21所示。

扫码看教学视频

`02`　单击"帮我编词"按钮，稍等片刻，浏览优化后的结果，如图5-22所示。

图 5-21

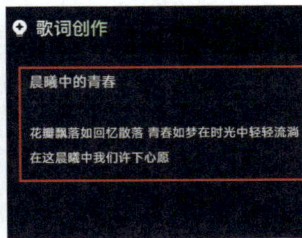

图 5-22

131

03 在"选择曲风"选项区域单击"古典"按钮，在弹出的列表中选择曲目开始试听，如图5-23所示。

04 若对试听结果满意，单击"生成音乐"按钮，接着试听生成的音乐，如图5-24所示。

图 5-23

05 单击"看歌词"按钮，在窗口中浏览完整的歌词，如图5-25所示。

图 5-24

图 5-25

5.2.4 生成乡村音乐

01 在"歌词创造"下方的文本框中输入歌曲名称"家乡的回忆"，再输入歌词"清晨的阳光洒在田野上，微风轻拂过我的脸庞。那条熟悉的小路还在那里，带我回到童年的时光"，如图5-26所示。

扫码看教学视频

02 单击"帮我编词"按钮，等待数秒后浏览经过优化的歌名与歌词，如图5-27所示。

图 5-26

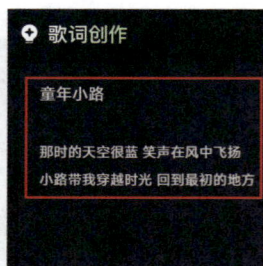

图 5-27

03 在"选择曲风"选项区域单击"乡村"按钮，在弹出的列表中选择试听曲目，如图5-28所示。

04 单击"生成音乐"按钮，等待音乐生成后进行试听，如图5-29所示。

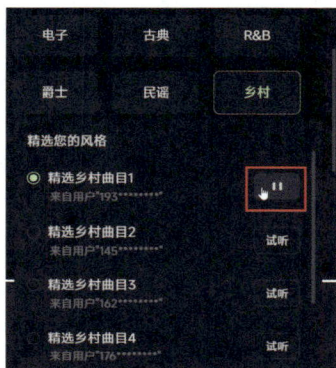

图 5-28

图 5-29

05 单击"看歌词"按钮，在弹出的窗口中显示歌曲信息，包括歌名、曲风与歌词，如图5-30所示。

图 5-30

5.2.5　生成民族音乐

扫码看教学视频

01 在"歌词创作"下方的文本框中输入歌名"草原的呼唤"，以及一段歌词"辽阔的草原，天似穹庐，白云悠悠，羊群如珠。马头琴声，在风中飘荡，诉说着祖先的故事"，如图5-31所示。

02 单击右下角的"帮我编词"按钮，等待AI模型优化歌名，拓展编写歌词，结果如图5-32所示。

图 5-31

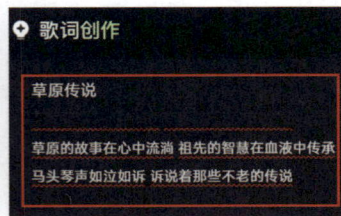
图 5-32

03 在"选择曲风"选项区域单击"民族"按钮，在弹出的列表中选择曲目进行试听，如图5-33所示。

04 单击"生成音乐"按钮，进入创作环节，创作结束后即可播放音乐，如图5-34所示。

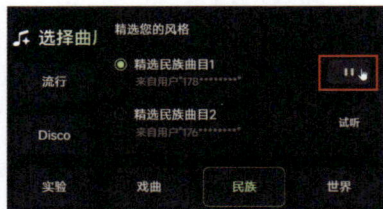
图 5-33

图 5-34

05 单击"看歌词"按钮，弹出如图5-35所示的窗口，显示歌曲名称、曲风类型及完整的歌词。

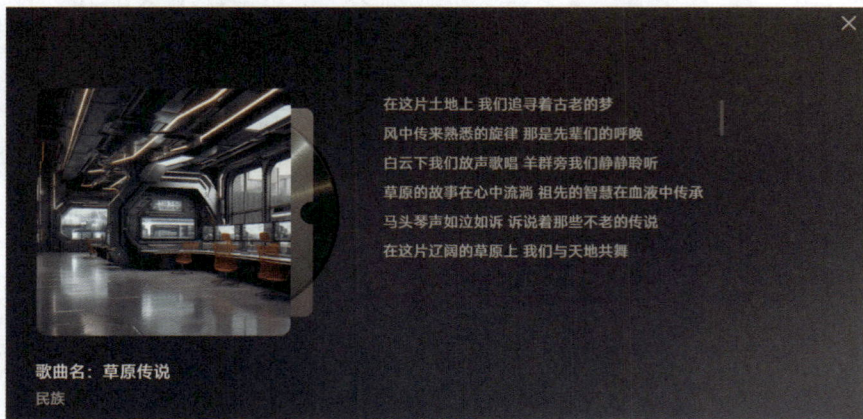
图 5-35

5.2.6　生成戏曲

扫码看教学视频

01　在"歌词创作"下方的文本框中输入歌名"忠魂情"，紧接着输入一段唱词"（生角）铁甲披身战沙场，刀光剑影映寒霜。男儿立志平天下，不破楼兰终不还"，如图5-36所示。

02　单击右下角的"帮我编词"按钮，稍等片刻，显示经过修改的歌名和拓展的歌词，如图5-37所示。

图 5-36

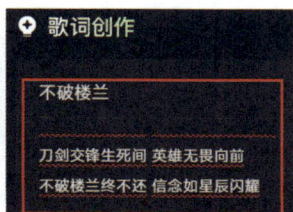

图 5-37

03　在"选择曲风"选项区域单击"戏曲"按钮，在弹出的列表中选择曲目进行试听，如图5-38所示。

04　单击"生成音乐"按钮，等待片刻，播放生成的音乐，如图5-39所示。

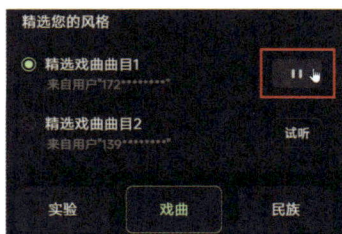

图 5-38

图 5-39

05　单击"看歌词"按钮，在弹出的窗口中浏览完整的歌词，如图5-40所示。

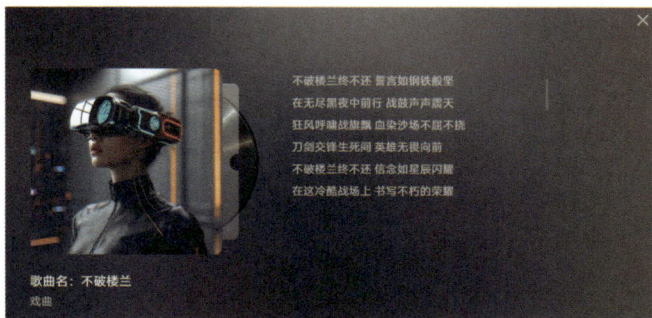

图 5-40

135

第6章 制作创意广告片

本章介绍利用海螺AI生成广告片素材，再将素材导入剪映，剪辑成为一个完整的广告片的操作方法。在利用海螺AI创作素材的时候，可以使用文生视频、图生视频两种方式。此外，也可以借助海螺AI生成视频脚本。

6.1 案例制作要点

本节介绍广告片的成片效果，以及案例制作要点。为了使创意成为具体的脚本，需要反复推敲、斟酌，从而得到一个相对完整可行的方案，在付诸实施的过程中不断修改、完善。

6.1.1 视频效果展示

如图6-1所示为视频最终效果展示。在播放的过程中，片中的商品，即智能音箱反复以不同的样式出现在不同的场合，增强观众对商品的印象。由于AI生视频存在局限性，音箱的外观无法在每一个片段视频都保持一致。这也恰好让观众形成一个认知，即该品牌拥有多种款式的智能音箱，满足用户多样化的个性需求。

图 6-1

6.1.2　案例制作分析

在开始制作案例之前，需要选定片中所推荐的商品，本章选择智能音箱为介绍内容。接着需要确认音箱出现的场景，以及是否有人物随同入镜。用户可以针对商品的属性设置故事情节，使观众产生代入感，容易对商品产生好感。

在本章的音箱广告片中，从女孩子清晨起床收到音箱的提示信息开始，不断从不同的视角展示各个款式的音箱，在女孩夜间入眠时片子归于结束，最后镜头定格在音箱之上，再一次强调商品。

6.2　案例制作过程

本节展示案例的制作过程，包括脚本制作、生成视频素材、后期剪辑。通过借助海螺AI的"问答"功能，可以生成视频脚本。在生成视频的过程中，照抄脚本可能会得不到理想的素材，这时需要用户根据实际情况来调整文字内容。

6.2.1　视频脚本生成

登录海螺AI主页，切换至"问答"页面。在文本框中输入问题，如图6-2所示。按Enter键发送，等待片刻，这时系统会根据问题去收集相关信息，然后显示在页面中。如果不满意初次生成的结果，可以继续生成，或者更换描述问题的方式。

扫码看教学视频

有问题，为什么不问问神奇海螺呢？

写一个广告片的视频脚本

📎 ⬤联网 ⬆

图6-2

广告视频脚本摘录如下。

☐ 场景1：早晨，阳光洒满房间

画面：镜头缓缓推近，一间现代风格的卧室，阳光透过窗帘洒在床上。

旁白（温暖且充满活力的声音）："每天早晨，当第一缕阳光照进房间，你是否希望一切都已经准备就绪？"

音效：轻柔的鸟鸣声。

画面：主角（年轻女性）伸了个懒腰，微微一笑。

旁白："现在，有了智能音箱，生活变得如此简单。"

☐ *场景2：智能音箱唤醒*

画面：主角拿起手机，轻轻一点，智能音箱上的灯光闪烁。

音效：智能音箱发出柔和的提示音："早上好，今天天气晴朗，温度22℃。"

旁白："一句话，一个动作，你的世界从此改变。"

画面：智能音箱开始播放音乐，房间里的灯光逐渐亮起，窗帘自动拉开。

☐ *场景3：智能家居联动*

画面：主角走进厨房，智能灯泡根据她的心情变换颜色。

音效：继续播放音乐，智能灯泡发出柔和的蓝光。

旁白："无论是调节灯光，还是播放你喜欢的音乐，智能音箱都能轻松搞定。"

画面：主角在厨房忙碌，智能音箱提醒她今天的日程安排。

音效：智能音箱："上午10点有会议，下午3点有健身课。"

☐ *场景4：家庭互动*

画面：主角和她的宠物狗互动，智能音箱播放宠物狗喜欢的音乐。

旁白："它不仅是你的私人助理，更是家庭的一员。"

画面：智能音箱播放欢快的音乐，宠物狗兴奋地摇着尾巴。

☐ *场景5：夜晚的宁静*

画面：夜晚，主角坐在沙发上，智能灯泡发出温暖的黄光。

音效：轻柔的音乐。

旁白："当夜幕降临，智能音箱为你营造一个宁静的夜晚。"

画面：主角靠在沙发上，闭上眼睛，享受宁静的时光。

☐ *场景6：结尾，品牌露出*

画面：镜头拉远，展示整个房间的智能家居设备。

旁白："智能生活，从现在开始。××智能音箱，让你的生活更简单、更美好。"

画面：品牌LOGO和广告语出现。

音效：品牌主题曲响起。

字幕："××智能音箱，你的智能生活新伙伴。"

☐ *总结*

这个脚本通过展示智能音箱在不同场景中的应用，突出了产品的便捷性和人性化特点。整个广告以情感化、生活化的方式呈现，让观众感受到智能生活带来的美好体验。

6.2.2 视频素材生成

在海螺AI主页中单击左侧列表中的"生成"按钮，进入生成视频页面。根据情况选择生成视频的方式，本节先从"文生视频"开始。

1. 生成第1段视频

01 在文本框中输入提示词"镜头缓缓推近，一间现代风格的卧室，阳光透过窗帘洒在床上。一个年轻的女孩子伸了个懒腰，微微一笑"，如图6-3所示。

02 单击 ⬛ ▓▓▓ 30 按钮，进入生成视频模式。稍等几分钟，即可完成操作，如图6-4所示。

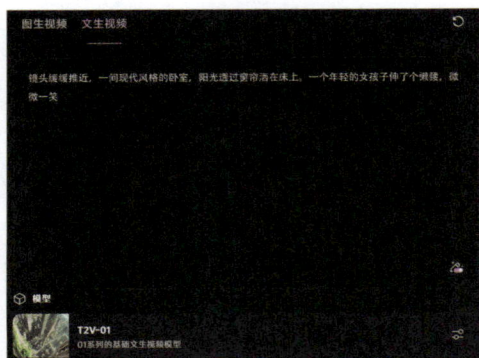

图6-3

图6-4

2. 生成第2段视频

01 截取第1段视频中最后的画面，保存为图片，如图6-5所示。

02 选择"图生视频"模式，导入截取的图片，输入提示词"一个年轻的女孩子起身，伸了个懒腰，微微一笑"，如图6-6所示。

图6-5

图6-6

03 单击 [●30] 按钮，进入视频生成模式。生成结束后，播放视频，观察效果，如图6-7所示。

图 6-7

3. 生成第3段视频

01 截取第2段视频最后的画面，另存为图片，如图6-8所示。

02 在"图生视频"模式中，导入截取的图片，输入提示词"女孩子拿起手机，轻轻一点"，如图6-9所示。

图 6-8

图 6-9

03 单击 [●30] 按钮，生成视频后播放，效果如图6-10所示。

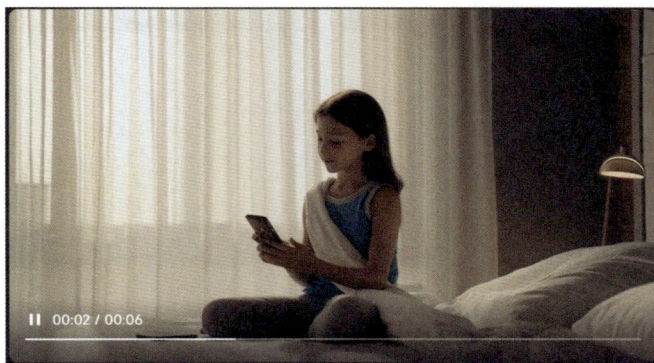

图 6-10

4. 生成第4段视频

01 截取第3段视频最后的画面，保存为图片，如图6-11所示。

02 选择"图生视频"模式，导入截取的视频画面，输入提示词"女孩坐在沙发上阅读，镜头缓缓聚焦在旁边的白色智能音箱上，然后音箱上的一个按钮在闪烁"，如图6-12所示。

图 6-11   图 6-12

03 单击 ⬤30 按钮，等待视频生成。播放视频，可以看到画面中出现了白色的智能音箱，按钮在闪烁，如图6-13所示。

图 6-13

5. 生成第5段视频

01 继续使用同一张图片，更改提示词为"女孩下床，走进厨房，镜头一路跟随拍摄"，如图6-14所示。

02 单击 ⬤30 按钮，等待视频的生成。在右侧的列表中预览生成的视频效果，如图6-15所示。

03 播放视频，可以看到场景从卧室转换到了厨房，如图6-16所示。

图 6-14

图 6-15

图 6-16

6. 生成第6段视频

01 截取第5段视频最后的画面，另存为图片，如图6-17所示。

02 在"图生视频"模式中，上传截取的视频画面，输入提示词"女孩子在厨房忙碌，镜头缓缓聚焦在旁边的白色智能音箱上，然后音箱上的一个启动按钮开始闪烁"，如图6-18所示。

图 6-17

图 6-18

03 单击 [30] 按钮，等待视频生成后播放，镜头最后定格在音箱上，按钮正在忽闪，如图6-19所示。

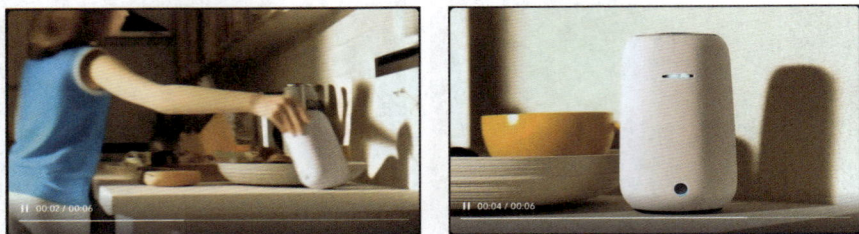

图 6-19

7. 生成第7段视频

01 切换为"文生视频"模式，在文本框中输入提示词"镜头移动，一个白色的智能音箱出现在镜头中，然后音箱上的一个按钮开始闪烁"，如图6-20所示。

02 单击 [30] 按钮，等待视频生成，完成后可以在右侧的列表中预览生成的效果，如图6-21所示。

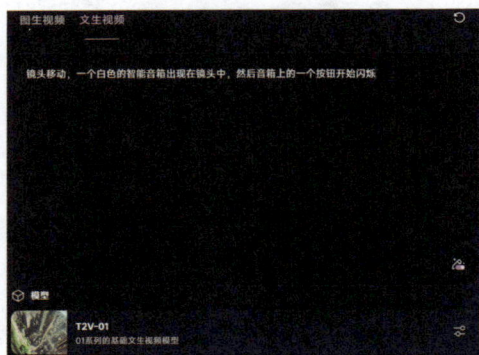

图 6-20

图 6-21

03 进入播放页面，播放视频，可以看到随着镜头的移动，在画面中展示音箱的整体与局部，如图6-22所示。

图 6-22

8. 生成第8段视频

01 切换至"图生视频"页面，利用此前截取的视频画面，输入提示词"女孩和宠物狗玩耍，镜头缓缓聚焦在旁边的白色智能音箱上，然后音箱上的一个按钮开始闪烁"，如图6-23所示。

02 单击 [30] 按钮，等待视频生成。在右侧的视频列表中可以预览生成的视频效果，如图6-24所示。

图6-23　　　　　　　　　　　　　　　　图6-24

03 播放视频，可以看到小狗从画面外进来，径直跑到音箱前，最后画面定格在音箱之上，如图6-25所示。

图6-25

9. 生成第9段视频

01 继续使用相同的图片，更改提示词为"女孩躺下睡觉，镜头缓缓聚焦在旁边的白色智能音箱上，音箱上的一个按钮在闪烁"，如图6-26所示。

02 单击 [30] 按钮，生成视频，完成后在右侧的列表中可预览生成的视频，如图6-27所示。

图 6-26 图 6-27

03 播放视频，可以看到镜头切换至女孩躺在床上睡着的画面，镜头聚焦在一旁的智能音箱上，如图6-28所示。

图 6-28

6.2.3 背景音乐生成

01 在海螺AI的主页单击"音乐"按钮，进入音乐生成页面，输入歌名与歌词，如图6-29所示。此时不单击"帮我编词"按钮，因为英文歌词经过系统处理后会翻译成中文。此处不需要中文歌词，因此直接输入英文歌词。

扫码看教学视频

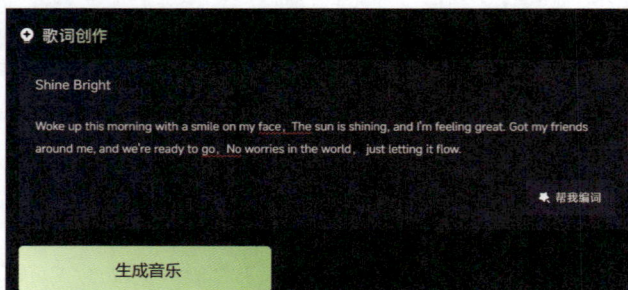

图 6-29

02 在"选择曲风"选项区域选择"蓝调"曲风，在列表中选择曲目，如图6-30所示。

03 单击"生成音乐"按钮，等待片刻，即可生成音乐，如图6-31所示。

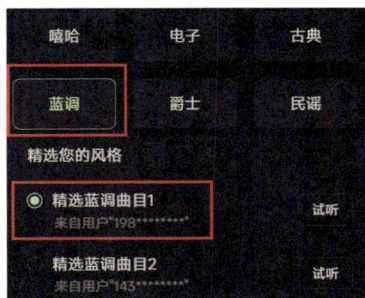

图 6-30

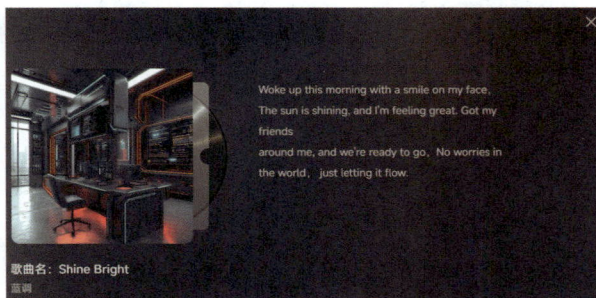

图 6-31

6.2.4　视频后期剪辑

扫码看教学视频

将生成的视频片段导入剪映，为其添加特效、转场、字幕及背景音乐等，剪辑成一个完整的视频。

1. 导入素材

01 启动剪映，单击"开始创作"按钮，进入工作界面。在"素材"中单击"导入"按钮 ⊕ 导入，在打开的对话框中选择视频素材，如图6-32所示。

02 单击"打开"按钮，导入素材，如图6-33所示。

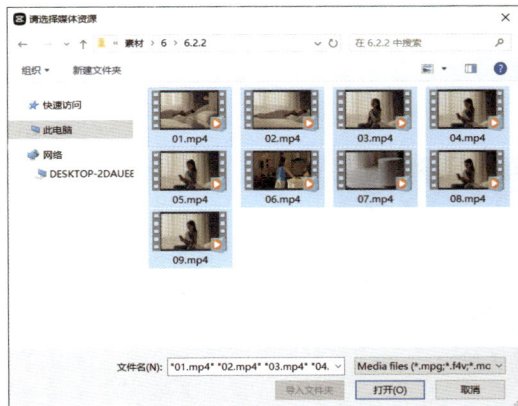

图 6-32

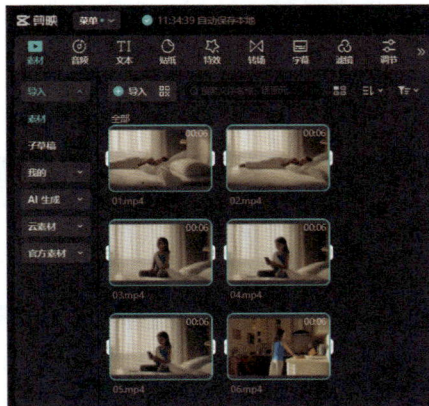

图 6-33

03 将素材拖拽至下方的轨道中，排列结果如图6-34所示。

图 6-34

2. 添加特效

❑ 添加"方形开幕"特效

01 在"特效"功能区选择"画面特效",单击"方形开幕"右下角的+号,如图6-35所示,将特效添加至轨道中。

02 移动"方形开幕"特效的位置,使其位于第1段视频素材之上,如图6-36所示。

图 6-35

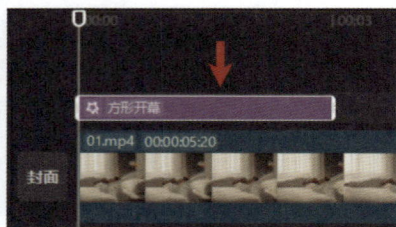

图 6-36

03 播放视频,观察添加"方形开幕"特效的效果,如图6-37所示。

图 6-37

❑ 添加"渐隐闭幕"特效

04 在"特效"功能区选择"渐隐闭幕"特效,如图6-38所示。

05 添加到最后一段视频素材之上,放置位置如图6-39所示。

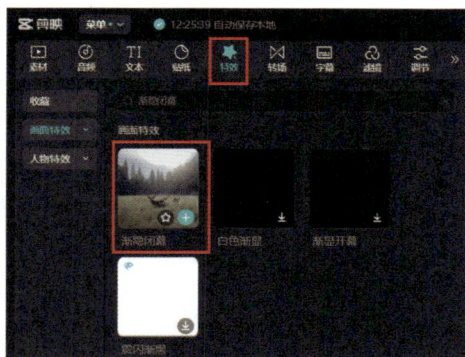

图 6-38

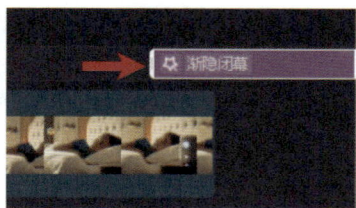

图 6-39

06 播放视频，观察添加"渐隐闭幕"特效的效果，如图6-40所示。

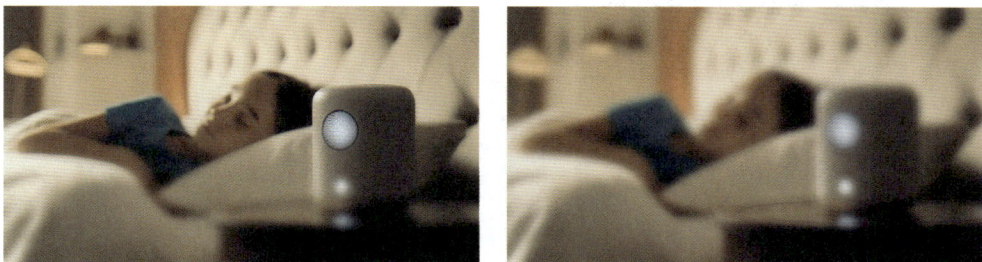

图 6-40

3. 添加转场

☐ *添加"泡泡模糊"转场*

01 在"转场"功能区选择"泡泡模糊"转场，如图6-41所示。

02 将转场添加至两段视频的连接处，并调整转场的长度，如图6-42所示。

图 6-41

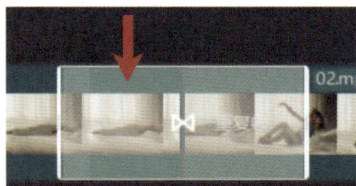

图 6-42

03 播放视频，画面逐渐模糊，待画面显示清晰后完成转场，如图6-43所示。

图 6-43

□ 添加"向下拖拽"转场

04 在"转场"功能区选择"向下拖拽"转场，如图6-44所示。

05 将转场效果添加至两段视频的连接位置，如图6-45所示。

图 6-44

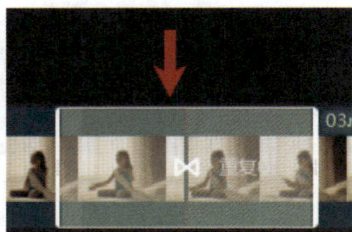

图 6-45

06 播放视频，画面迅速往下拖拽，切换为下一片段的画面，如图6-46所示。

图 6-46

□ 添加"无限穿越Ⅱ"转场

07 在"转场"功能区选择"无限穿越Ⅱ"转场，如图6-47所示。

08 将转场添加至两段视频的连接处，如图6-48所示。

09 播放视频，镜头快速推近，浮现下一段视频的画面，最后画面逐渐清晰，完成转场，如图6-49所示。

图 6-47

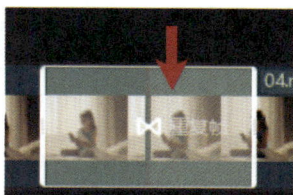

图 6-48

图 6-49

4. 添加背景音乐

本节介绍两种添加背景音乐的方式，分别是添加海螺AI生成的音乐及剪映自带的音乐。

❑ *添加海螺AI生成的音乐*

01 单击"音频"按钮，在"导入"选项卡中单击"导入"按钮，如图6-50所示。

02 将利用海螺AI生成的音乐导入进来，单击右下角的+号，如图6-51所示，将其添加至轨道中。

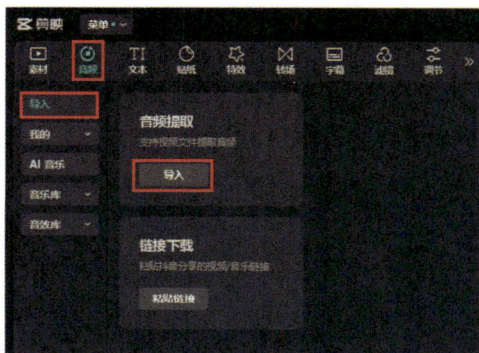

图 6-50

图 6-51

03 选择音乐，分别按Ctrl+C、Ctrl+V组合键复制、粘贴，再调整音乐的长度，使其与视频片段几乎等长，如图6-52所示。

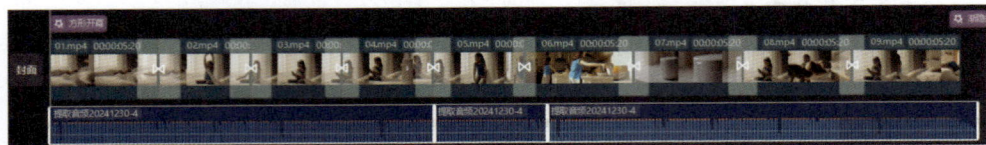

图 6-52

04 选择音乐，单击鼠标右键，在弹出的快捷菜单中选择"人声分离"→"仅保留背景声"命令，如图6-53所示，则音乐中的人声被移除。

图 6-53

添加剪映自带的背景音乐

05 在"音频"功能区单击"音乐库"按钮，在音乐列表中选择音乐，单击右下角的+号，如图6-54所示，将其添加至轨道中。

06 暂时关闭已经添加的音乐，如图6-55所示，以免影响新添加的背景音乐的试听效果。

图 6-54

图 6-55

5. 添加字幕

01 单击"字幕"按钮，单击界面左侧的"新建字幕"按钮，在右侧的界面中单击"手动写字幕"按钮，如图6-56所示。

02 在弹出的对话框中输入文字，如图6-57所示，接着单击"添加到时间线"按钮。

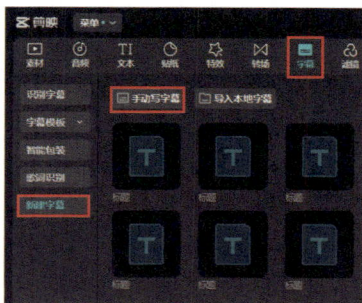

图 6-56

图 6-57

03 重复上述操作添加字幕，字幕的添加与排列效果如图6-58所示。

图 6-58

04 选择字幕，单击工作界面右上角的"朗读"按钮，在列表中选择音色，单击"开始朗读"按钮，如图6-59所示。

05 重复操作，为每段字幕都添加配音，如图6-60所示。

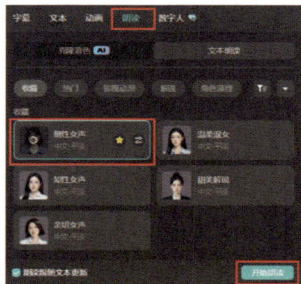

图 6-59

图 6-60

06 关闭字幕轨道，如图6-61所示，仅保留配音。

图 6-61

6. 导出视频

01 在工作界面右上角单击"导出"按钮，如图6-62所示。

02 在打开的对话框中设置视频名称与存储路径，设置合适的分辨率，并激活"补分辨率"选项，如图6-63所示。

图 6-62

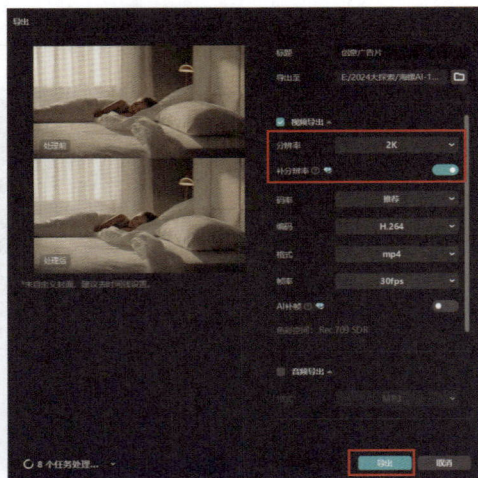

图 6-63

03 单击"导出"按钮，即可导出视频。

第 7 章 制作高燃动作片

本章介绍高燃动作片的制作步骤。先创作视频脚本,接着根据脚本生成视频素材,最后将素材导入剪映进行剪辑,为其添加文本与背景音乐,导出后保存即可完成制作。

7.1　案例制作要点

本节展示视频的创作效果以及案例的制作思路。在开始构思脚本之前，脑中要先有一个故事梗概。再将故事细化，如添加情节描述、旁白内容等，接着生成视频素材与音乐，进入剪辑环节，完成视频的制作。

7.1.1　视频效果展示

视频的创作效果如图7-1所示。

图 7-1

7.1.2　案例制作分析

本案例描述了特别行动小组在黑夜中出发、执行任务、归来的情景。没有旁白，背景音乐富有节奏感，烘托紧张、焦灼的气氛。在片尾设置一个彩蛋，预告第二部影片，留下一个悬念供观众猜想。

案例的制作分为构思脚本→撰写脚本→编写提示词→生成视频素材→编写歌词→生成音乐→后期剪辑等步骤。

在制作的过程中，综合运用海螺AI的视频生成、问答及音乐生成功能，结合创作者的构思与修改，完成视频的制作。

7.2　案例制作过程

本节介绍动作片视频的制作过程，分为三部分内容，分别是视频脚本生成、生成视频素材及后期剪辑。

7.2.1　视频脚本生成

登录海螺AI，在主页中单击"问答"按钮，进入问答页面。在文本框中输入问题，如图7-2所示，按下Enter键发送，等待数秒，在页面中显示AI机器人的答复。如果对答复不满意，可以再次提问。

扫码看教学视频

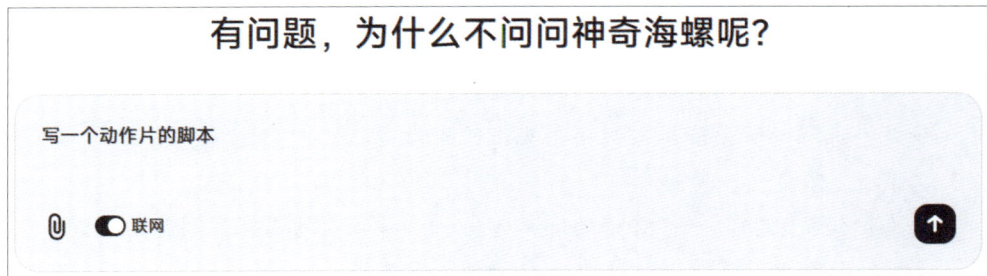

有问题，为什么不问问神奇海螺呢？

写一个动作片的脚本

🔗　● 联网

图 7-2

动作视频脚本摘录如下。

☐ **场景1：开场——城市天际线**

画面：航拍镜头从高空俯瞰一座现代化大都市，晨曦初现，城市天际线在阳光下熠熠生辉。

音效：宏大的背景音乐逐渐增强。

字幕："在光明与黑暗的边缘，正义与邪恶的较量从未停止。"

☐ **场景2：秘密任务**

画面：镜头切换到一间高科技指挥中心，指挥官（50岁，经验丰富）正在向精英小队布置任务。

音效：低沉的背景音乐，夹杂着电子仪器的声音。

☐ **场景3：潜入行动**

画面：夜晚，精英小队乘坐直升机抵达目标大楼楼顶。

157

音效：直升机螺旋桨的声音；紧张的背景音乐。

镜头：小队成员迅速下机，利用绳索下降到大楼侧面，悄无声息地进入大楼内部。

□ **场景4：激烈交火**

画面：小队进入大楼内部，遭遇大量武装敌人，双方展开激烈交火。

音效：激烈的枪声；爆炸声；紧张的背景音乐达到高潮。

□ **场景5：终极对决**

画面：张震追踪犯罪组织头目（代号"毒蝎"）进入一间密室，双方展开终极对决。

音效：低沉的背景音乐，夹杂着激烈的打斗声。

□ **场景6：任务完成**

画面：小队成功完成任务，撤离大楼，乘坐直升机返回。

音效：直升机螺旋桨的声音；背景音乐逐渐舒缓。

□ **场景7：尾声——新任务**

画面：小队成员回到基地，指挥官迎接他们。

音效：低沉的背景音乐，夹杂着轻微的脚步声。

□ **场景8：彩蛋——神秘人物**

画面：镜头切换到一间昏暗的地下室，一个神秘人物正在策划新的阴谋。

音效：低沉的背景音乐，夹杂着轻微的机器声。

字幕："敬请期待下一部"。

7.2.2 视频素材生成

登录海螺AI，在主页的左侧列表中单击"生成"按钮，进入生成视频页面。本节从"文生视频"开始创作。

扫码看教学视频

1. 生成第1段视频素材

`01` 在"文生视频"选项卡中输入提示词"航拍镜头从高空俯瞰一座现代化大都市，晨曦初现，城市天际线在阳光下熠熠生辉"，如图7-3所示。

`02` 单击 [30] 按钮，等待片刻，在右侧的列表中预览生成的视频结果，如图7-4所示。

`03` 播放视频，效果如图7-5所示。

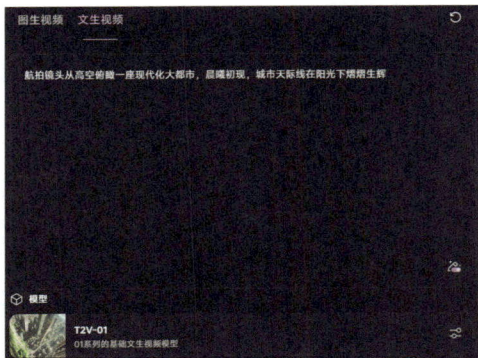

图 7-3　　　　　　　　　　　　　　　　　　　图 7-4

图 7-5

2. 生成第2段视频素材

01 在"文生视频"选项卡中输入提示词"镜头切换到一间高科技指挥中心，指挥官（50岁，经验丰富）正在向精英小队布置任务。精英小队成员表情严肃，准备出发"，如图7-6所示。

02 单击 ![30] 按钮，等待视频生成，完成后在右侧的列表中显示生成的视频，如图7-7所示。

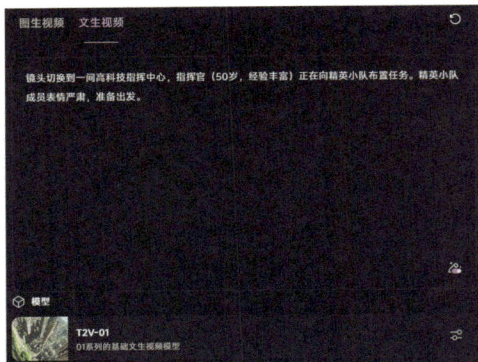

图 7-6　　　　　　　　　　　　　　　　　　　图 7-7

03 进入播放页面，观察视频的播放效果，如图7-8所示。

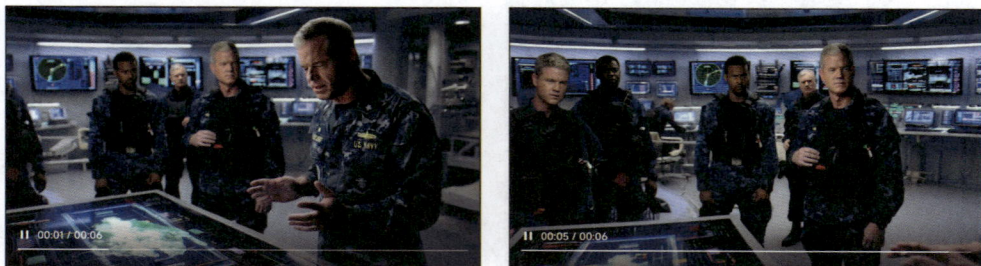

图 7-8

3. 生成第3段视频素材

01 在"文生视频"选项卡中输入提示词"夜晚，精英小队乘坐直升机抵达目标大楼楼顶"，如图7-9所示。

02 单击 [30] 按钮，生成视频，完成后在右侧的列表中可以预览生成的视频效果，如图7-10所示。

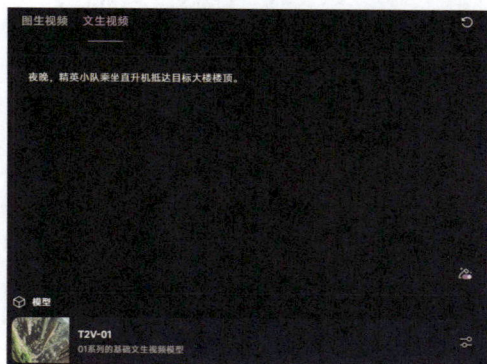

图 7-9

图 7-10

03 播放视频，效果如图7-11所示。

图 7-11

4. 生成第4段视频素材

01 在"文生视频"选项卡中输入提示词"小队成员迅速下直升机，利用绳索下降到大楼侧面，悄无声息地进入大楼内部"，如图7-12所示。

02 单击 [　30　] 按钮，等待几分钟，生成视频，完成后在右侧的列表中显示，如图7-13所示。

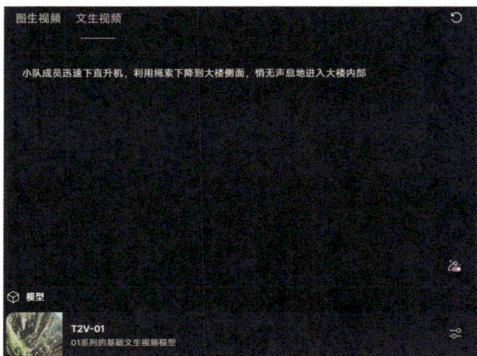

图 7-12　　　　　　　　　　　　　　　　图 7-13

03 播放视频，观看视频效果，如图7-14所示。

图 7-14

5. 生成第5段视频素材

01 在"文生视频"选项卡中输入提示词"夜晚，小队成员进入大楼内部，遭遇大量武装敌人，双方展开激烈的交战"，如图7-15所示。

02 单击 [　30　] 按钮，在右侧的列表中显示视频的生成结果，将鼠标指针放置在画面之上，可以预览视频，如图7-16所示。

03 进入播放页面，播放视频，效果如图7-17所示。

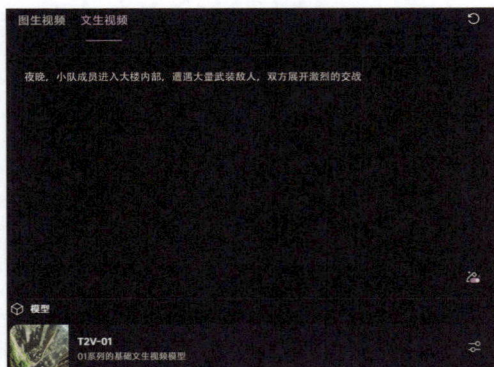

图 7-15

图 7-16

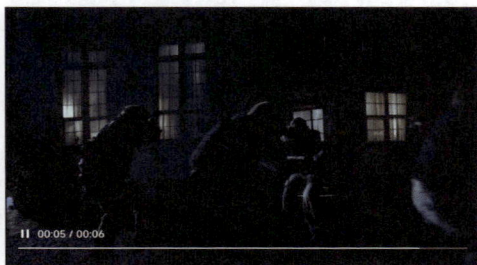

图 7-17

6. 生成第6段视频素材

01 在"文生视频"选项卡中输入提示词"夜晚，小队成员在大楼内部遭遇大量武装敌人，双方展开激烈的交战"，如图7-18所示。

02 单击 ⬤30 按钮，等待视频生成，完成后在右侧的列表中显示视频的相关信息，如图7-19所示。

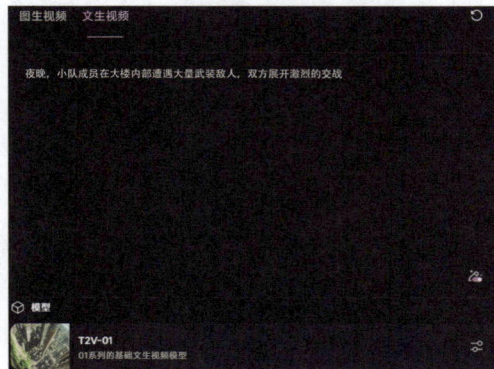

图 7-18

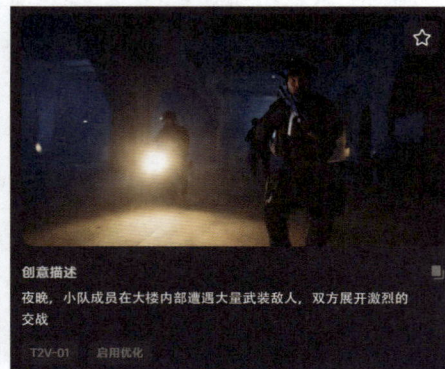

图 7-19

03 播放视频，视频的画面效果如图7-20所示。

图 7-20

7. 生成第7段视频素材

01 打开"战斗状态.png"素材，如图7-21所示。

02 切换至"图生视频"选项卡，导入图片，不输入任何提示词，如图7-22所示。

图 7-21

图 7-22

03 单击 [30] 按钮，生成视频，效果如图7-23所示。

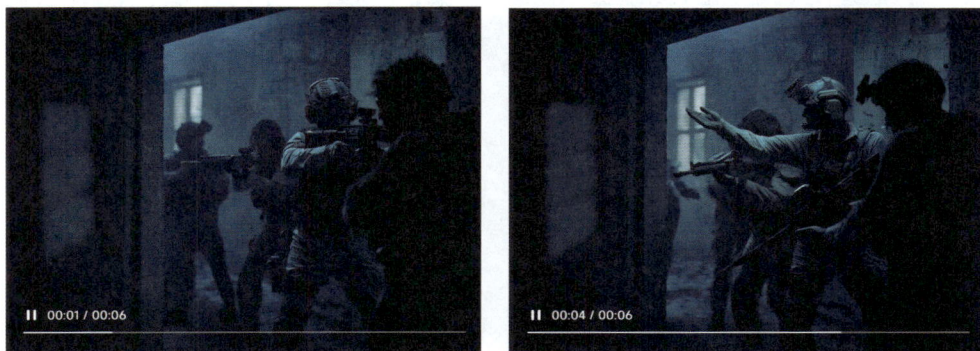

图 7-23

8. 生成第8段视频素材

01 打开"决斗.png"，如图7-24所示。

02 在"图生视频"选项卡中上传图片，输入提示词"固定镜头，画面中的两个人丢掉武器打了起来"，如图7-25所示。

图 7-24　　　　　　　　　　　　　　　　图 7-25

03 单击 按钮，生成视频，完成后播放以查看效果，如图7-26所示。

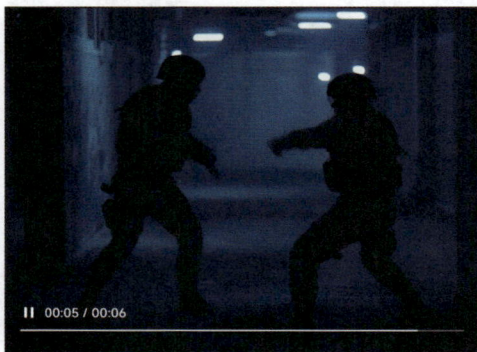

图 7-26

9. 生成第9段视频素材

01 在"文生视频"选项卡中输入"固定镜头，夜晚，两支队伍在大楼内枪战"，如图7-27所示。

02 单击 按钮，等待系统优化提示词、生成视频，完成后在右侧的列表中显示生成的视频，如图7-28所示。

03 播放视频，画面效果如图7-29所示。

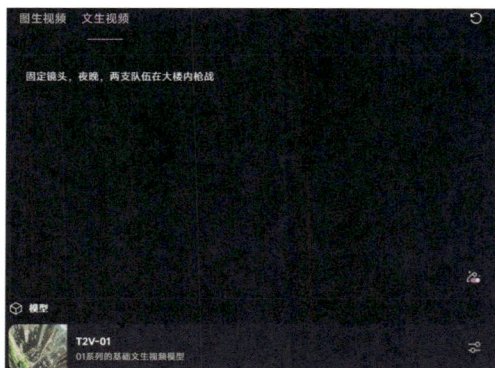

图 7-27　　　　　　　　　　　　　　　图 7-28

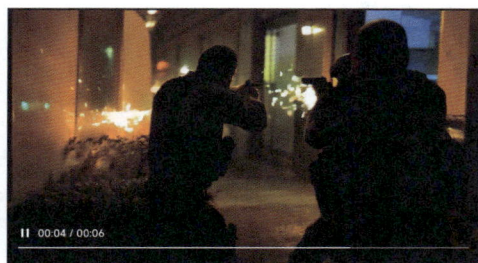

图 7-29

10. 生成第10段视频素材

01 在"文生视频"选项卡中输入提示词"固定镜头，夜晚，两支队伍在大楼内枪战，烟雾弥漫，炸弹爆炸发出光亮"，如图7-30所示。

02 单击 ⊙ 30 按钮，等待视频的生成，完成后在右侧的列表中显示生成结果，如图7-31所示。

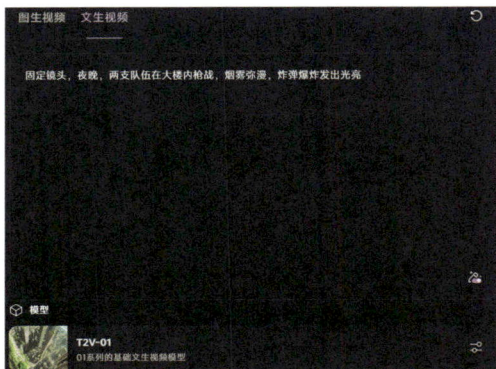

图 7-30　　　　　　　　　　　　　　　图 7-31

03 播放视频，效果如图7-32所示。

图 7-32

11. 生成第11段视频素材

01 在"文生视频"选项卡中输入提示词"小队成员成功完成任务，撤离大楼，坐上直升机离去"，如图7-33所示。

02 单击 [30] 按钮，生成视频，完成后在右侧的列表中显示生成结果，如图7-34所示。

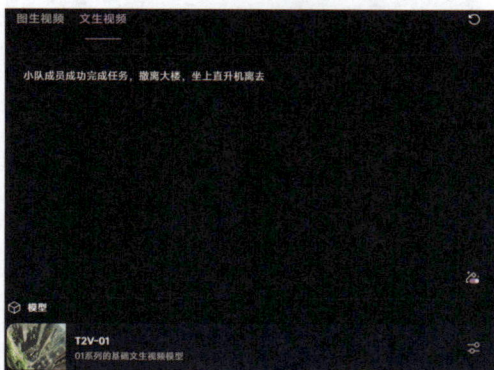

图 7-33

图 7-34

03 播放视频，观察画面效果，如图7-35所示，如果不满意可以再次生成。

图 7-35

12. 生成第12段视频素材

01 在"文生视频"选项卡中输入提示词"小队成员回到基地，指挥官张开双手迎接他们"，如图7-36所示。

02 单击 ⬛ 按钮，等待几分钟，生成视频，完成后在右侧的列表中显示生成结果，如图7-37所示。

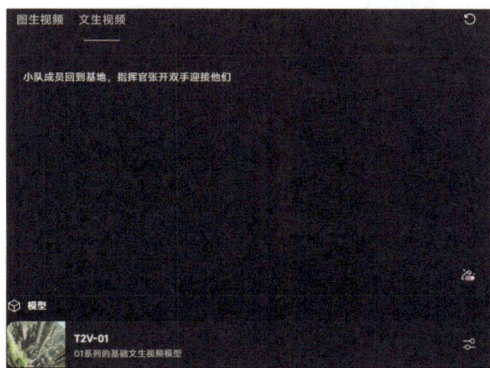

图 7-36   图 7-37

03 播放视频，效果如图7-38所示。

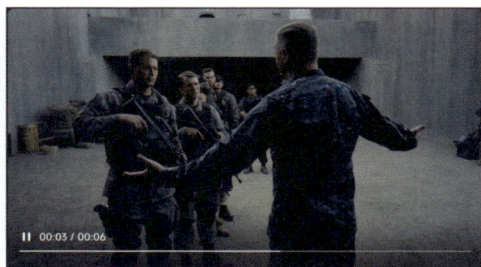

图 7-38

13. 生成第13段视频素材

01 在"文生视频"选项卡中输入提示词"镜头切换到一间昏暗的地下室，一个神秘人物正在策划新的阴谋"，如图7-39所示。

02 单击 ⬛ 按钮，等待视频生成，完成后在右侧的列表中显示生成结果，如图7-40所示。

03 播放视频，随着镜头的推近，可以看到一个神秘男子在伏案奋笔疾书，如图7-41所示。这是设置在片尾的一个彩蛋，目的是留下悬念，使观众猜测、期待续集的内容。

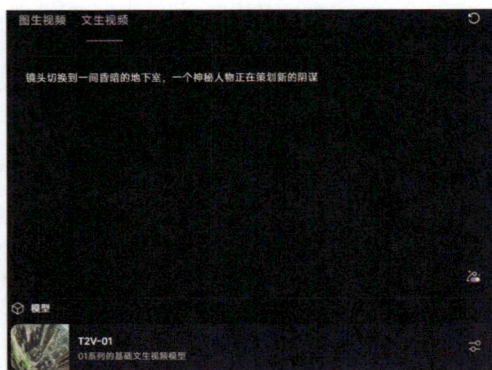
图 7-39

图 7-40

图.7-41

7.2.3　背景音乐生成

扫码看教学视频

01　在海螺AI的主页单击"音乐"按钮，进入生成音乐的页面，输入歌名与歌词，如图7-42所示。

02　在"选择曲风"选项区域选择"摇滚"曲风，再选择曲目，如图7-43所示。

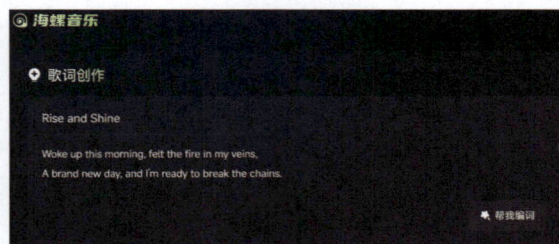
图 7-42

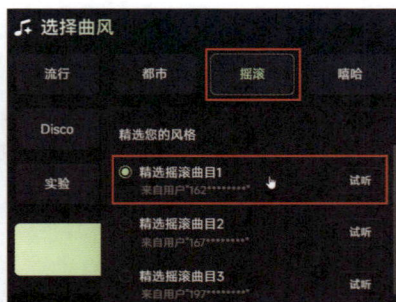
图 7-43

03　单击"生成音乐"按钮，在生成的过程中可以试听，如图7-44所示。

168

图 7-44

04 单击"看歌词"按钮，在打开的窗口中查看歌词，如图7-45所示。

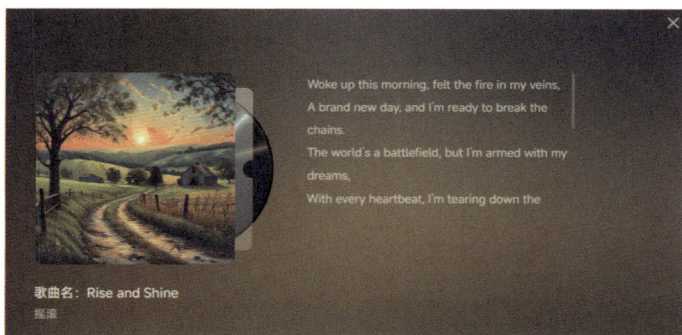

图 7-45

7.2.4　视频后期剪辑

扫码看教学视频

本节会将视频素材与音乐素材导入剪映中进行后期剪辑，完成动作片的制作。

1. 导入素材

01 启动剪映，在"素材"功能区单击"导入"按钮，如图7-46所示。

02 在打开的对话框中选择素材，单击"打开"按钮，导入素材，如图7-47所示。

图 7-46

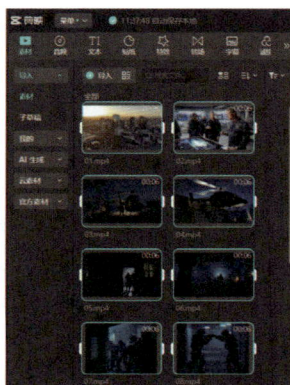

图 7-47

03 将素材拖拽至下方的轨道中，排列结果如图7-48所示。

图 7-48

2. 添加特效

□ *添加"拉镜开幕"特效*

01 单击"特效"按钮，选择"拉镜开幕"特效，如图7-49所示。

02 将特效添加至视频素材的上方，如图7-50所示。

图 7-49

图 7-50

03 播放视频，观察添加"拉镜开幕"特效的效果，如图7-51所示。

图 7-51

□ *添加"闭幕"特效*

04 在"特效"功能区选择"闭幕"特效，如图7-52所示。

05 将特效添加至最后一段视频素材的上方，如图7-53所示。

图 7-52

图 7-53

06 播放视频，观察添加特效后视频的播放效果，如图7-54所示。

图 7-54

3. 添加转场

☐ *添加"烟雾"转场*

01 单击"转场"按钮，选择"烟雾转场"，如图7-55所示。

02 将转场添加至两段视频的连接处，如图7-56所示。

图 7-55

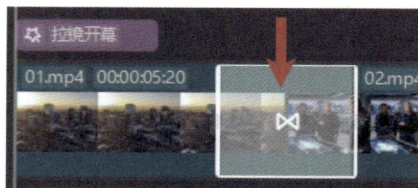

图 7-56

03 播放视频，观看添加转场后视频的播放效果，如图7-57所示。

图 7-57

❑ *添加"回忆拉屏Ⅱ"转场*

04 在"转场"功能区选择"回忆拉屏Ⅱ"转场，如图7-58所示。

05 将转场效果添加至两段视频的连接处，如图7-59所示。

图 7-58

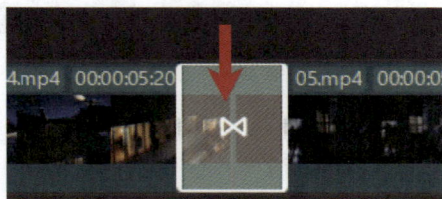

图 7-59

06 播放视频，观察视频的播放效果，如图7-60所示。

图 7-60

❑ *添加"上下翻页"转场*

07 在"转场"功能区选择"上下翻页"转场，如图7-61所示。

08 将转场效果添加至两段视频的连接处，如图7-62所示。

09 播放视频，可以看到画面犹如翻书一般从上往下进行翻页，显示下一段视频的画面，如图7-63所示。

图7-61

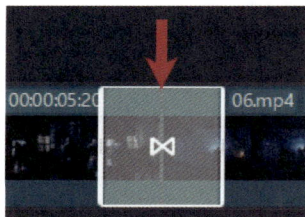

图7-62

图 7-63

4. 添加背景音乐

本节介绍添加音乐的两种方式，一种是从外部导入音频文件，即利用海螺AI生成的音乐；另一种是应用剪映自带的音乐。

□ 添加海螺AI生成的音乐

01 单击"音频"按钮，在界面中单击"导入"按钮，如图7-64所示。

02 在打开的对话框中选择音频文件，单击"打开"按钮，导入音频，如图7-65所示。

图 7-64

图 7-65

03 将音乐拖拽至轨道中，如图7-66所示。

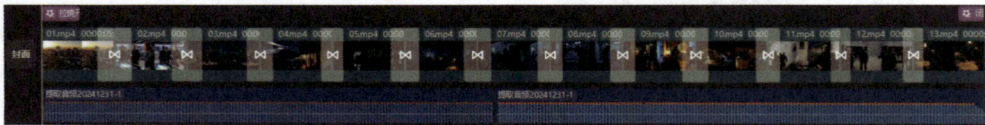

图 7-66

□ **添加剪映自带的音乐**

04 在"音频"功能区的左侧列表中单击"音乐库"按钮，在右侧的列表中选择音乐，如图7-67所示。

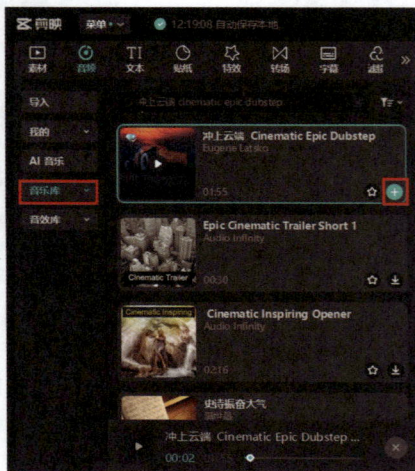

图 7-67

05 将音乐拖拽至轨道中，暂时静音已经添加的音频文件，如图7-68所示。播放音乐进行试听，如果不满意可以更换。

图 7-68

5. 添加文字

01 单击"文本"按钮，在左侧的列表中单击"文字模板"按钮，在右侧的列表中选择文本，如图7-69所示。

02 将其添加至视频片段的上方，更改文本内容，如图7-70所示。

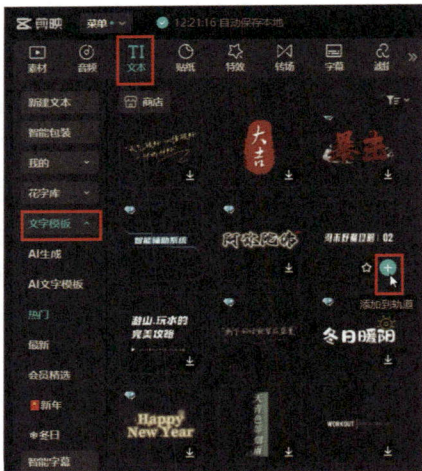

图 7-69

图 7-70

03 播放视频，可以看到随着播放进度向前推进，文字逐渐显示出来，如图 7-71 所示。

图 7-71

6. 导出视频

01 在右上角单击"导出"按钮，如图 7-72 所示。

02 在打开的对话框中设置文件名称与保存路径，设置分辨率，激活"补分辨率"选项，单击"导出"按钮即可，如图 7-73 所示。

图 7-72

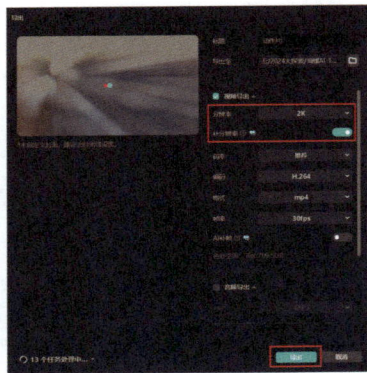

图 7-73

第8章 制作治愈风动漫

本章介绍治愈风格动漫视频的制作，内容包括制作思路分析、脚本的编写、视频与音频素材的生成，以及后期剪辑。在海螺AI的帮助下，用户可以轻松生成脚本与素材，节省了时间，提高了工作效率。

8.1　案例制作要点

本节展示视频的制作效果，介绍创作思路。本章案例将视频的风格设定为治愈风，因此在编写脚本的时候就可以锁定思考方向，即"治愈系"。通过海螺AI的"问答"功能，生成脚本的雏形，在此基础上调整、细化、完善，得到一个完整的视频脚本，进入创作视频素材阶段。

8.1.1　视频效果展示

治愈风动漫视频的播放效果如图8-1所示。

图 8-1

8.1.2　案例制作分析

在制作视频的过程中，需要注意一个重要的点，即保持主角前后的一致性。由于是利用海螺AI创作视频素材，因此在保持主角一致性方面有些困难。此时，可以截取、保存视频的尾帧，作为"图生视频"的素材，这样就能最大限度地保持主角不变。

177

本案例的制作步骤：制作最初的故事雏形→利用海螺AI生成视频脚本→润色脚本→根据脚本编写提示词→生成视频→编写歌词→生成音乐→后期剪辑→导出视频成片。

在制作的过程中，不能完全依赖海螺AI，需要加入制作者的创意与想法，使视频最终呈现的效果富有感染力。

8.2 案例制作过程

本节介绍视频的制作过程，首先是生成视频脚本，并根据实际的使用需求调整、修改脚本，再利用"图生视频"功能生成视频素材，最后将素材导入剪映进行剪辑即可。

8.2.1 视频脚本生成

登录海螺AI主页，单击"问答"按钮，在文本框中输入问题，如图8-2所示。按Enter键发送，等待片刻，系统会在页面中逐行显示脚本内容。需要注意的是，直接使用系统生成的脚本有可能得不到理想的视频素材，需要根据生成结果进行修改、调整。

扫码看教学视频

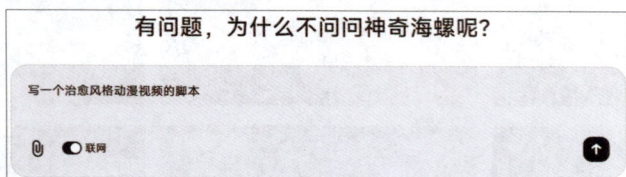

有问题，为什么不问问神奇海螺呢？

写一个治愈风格动漫视频的脚本

联网

图 8-2

治愈风动漫视频的脚本摘录如下。

☐ *画面1：清晨的森林，阳光透过树叶洒下斑驳的光影*
旁白："在遥远的山谷中，有一片神秘的森林。这里四季如春，鸟语花香，仿佛是世界的秘密花园。"

☐ *画面2：主角——一个内向的小女孩，独自走在森林的小径上*
旁白："她叫小叶，一个喜欢和植物说话的女孩。她总是觉得，自己和这片森林有着某种特殊的联系。"

☐ *画面3：小叶在森林中漫步，和小动物们打招呼*
旁白："小叶每天都会走进森林，和小动物们打招呼。她会和松鼠分享她的午餐，和鸟儿一起唱歌。在这里，她找到了属于自己的宁静。"

☐ *画面4：小叶坐在一棵大树下，闭上眼睛，感受着风的轻抚*

旁白："小叶喜欢坐在大树下，闭上眼睛，感受着风的轻抚。她觉得，风会告诉她一些秘密，关于树木，关于大地，关于她自己。"

☐ *画面5：小叶在梦中遇见一位森林守护者，守护者告诉了她森林的秘密*

旁白："有一天晚上，小叶做了一个梦。在梦中，她遇见了一位森林守护者。守护者微笑着告诉她：'这片森林是你的家，它会保护你，也会指引你找到真正的自己。'"

☐ *画面6：小叶醒来，发现手中有一片金色的叶子*

旁白：醒来后，小叶惊讶地发现，手中有一片金色的叶子。她决定继续探索森林，寻找这片叶子的来历和守护者所说的秘密。

☐ *画面7：小叶在森林中遇到了各种奇妙的生物和景象，有欢笑，有惊喜*

旁白："在旅途中，小叶遇到了许多奇妙的生物和景象。她看到了会发光的蘑菇、会唱歌的花朵，还有会跳舞的萤火虫。每一次的发现，都让她更加热爱这片森林。"

☐ *画面8：小叶在一片空地上遇到一只受伤的小鹿，她用心照顾它*

旁白："有一天，小叶在一片空地上遇到了一只受伤的小鹿。她用心照顾它，给它喂食，清理伤口。小鹿渐渐康复，和小叶成了好朋友。"

☐ *画面9：小叶和小鹿一起在森林中奔跑，享受着自由的时光*

旁白："小叶和小鹿一起在森林中奔跑，享受着自由的时光。她明白了，真正的快乐不在于拥有，而在于分享和陪伴。"

☐ *画面10：小叶站在森林的高处，看着远方的夕阳，眼中闪烁着幸福的光芒*

旁白："终于，小叶站在了森林的高处。她看着远方的夕阳，眼中闪烁着幸福的光芒。她明白，森林不仅是她的家，更是她心灵的归宿。"

☐ *画面11：小叶回到森林中的家，和小动物们一起庆祝*

旁白："小叶回到了森林中的家，和小动物们一起庆祝。她明白了，真正的幸福不在于寻找，而在于珍惜眼前的一切。"

☐ *画面12：夜晚，小叶和小动物们围坐在篝火旁，听着森林的声音*

旁白："夜晚，小叶和小动物们围坐在篝火旁，听着森林的声音。她微笑着，心中充满了宁静与满足。她知道，无论未来如何，她都会带着这份温暖，继续前行。"

☐ *画面13：星空下，小叶微笑着闭上眼睛，画面渐渐淡出*

旁白："在森林的怀抱中，小叶找到了心灵的归处。而我们，也在这段旅程中，找到了属于自己的那份宁静与希望。"

☐ *画面14：片尾字幕，伴随着轻柔的音乐*

旁白："感谢你，和我们一起踏上这段治愈心灵的旅程。愿你在自己的森林中，找到那片金色的叶子。"

8.2.2 视频素材生成

1. 生成第1段视频素材

扫码看教学视频

01 打开"森林的早晨.png"素材，如图8-3所示。

02 登录海螺AI，在主页左侧的列表中单击"生成"按钮，进入生成视频页面。选择"图生视频"选项卡，上传图片，不输入任何提示词，如图8-4所示。

图 8-3

图 8-4

03 单击 ⬤ 30 按钮，稍等片刻，原本静止不动的画面变得生机勃勃。进入播放页面，观看视频效果，如图8-5所示。

图 8-5

2. 生成第2段视频素材

01 打开"好奇的女孩子.png"素材，如图8-6所示。

02 在"图生视频"选项卡中上传图片，输入提示词"女孩子坐在一棵大树下，闭上眼睛，感受着风的轻抚"，如图8-7所示。

图 8-6

图 8-7

03 单击 ⬭ 30 按钮，为画面中的女孩子添加了动作，闭着眼睛感受微风吹拂的感觉，如图8-8所示。

图 8-8

3. 生成第3段视频素材

01 保持图片素材不变，修改提示词为"女孩子举起手和动物们打招呼"，如图8-9所示。

02 单击 ⬭ 30 按钮，稍等片刻，即可生成视频，在右侧的列表中查看生成的结果，如图8-10所示。

03 播放视频，观看视频效果，如图8-11所示。

图 8-9

图 8-10

图 8-11

4. 生成第4段视频素材

01 保持图片素材不变，修改提示词为"宫崎骏风格，固定镜头拍摄，小女孩向前走，靠着树干坐下"，如图8-12所示。

02 单击 按钮，等待视频生成，完成后在右侧列表中显示生成结果，如图8-13所示。

图 8-12

图 8-13

182

03 播放视频，可以看到在画面中女孩子走动起来，最后靠着树干坐下，如图8-14所示。

图 8-14

5. 生成第5段视频素材

01 截取上一节生成视频的尾帧，另存为图片，如图8-15所示。

02 将图片上传作为生成视频的素材，输入提示词"宫崎骏风格，固定镜头拍摄，小女孩闭上眼睛睡觉，做了一个梦。醒来后，发现手中有一片金色闪闪的叶子"，如图8-16所示。

图 8-15

图 8-16

03 单击 按钮，生成视频，完成后播放视频，可以看到一片闪闪发光的叶子出现在画面中，随着播放进度向前推进，叶子飞到了女孩子的面前，如图8-17所示。

图 8-17

183

6. 生成第6段视频素材

01 截取上一节生成的视频的尾帧，另存为图片，如图8-18所示。

02 上传图片，输入提示词"宫崎骏风格，固定镜头拍摄，小女孩睁开眼睛，伸手拿着叶子，叶子闪闪发亮"，如图8-19所示。

图 8-18   图 8-19

03 单击 [　30] 按钮，生成视频，完成后播放生成的视频，可以看到女孩子伸手接住了金叶子，金叶子幻化成一团光亮，如图8-20所示。

图 8-20

7. 生成第7段视频素材

01 截取上一节生成的视频的尾帧，另存为图片，如图8-21所示。

02 上传图片，输入提示词"宫崎骏风格，小女孩手上的光亮消失，面前站着一只可爱的小鹿"，如图8-22所示。

03 单击 [　30] 按钮，等待视频的生成。完成后播放视频，可以看到随着播放进度向前推进，一只可爱的小鹿走入画面，如图8-23所示。

图 8-21

图 8-22

图 8-23

8. 生成第8段视频素材

01 打开"好奇的女孩子.png"素材，如图8-24所示。

02 上传图片，输入提示词"宫崎骏风格，镜头跟随拍摄，从画面外跑进来一只可爱的小鹿"，如图8-25所示。

图 8-24

图 8-25

03 单击  按钮，生成视频。完成后播放生成的视频，可以看到画面中的女孩子跟随着一只小鹿在奔跑，最后定格在小鹿与女孩子对视的画面，如图8-26所示。

图 8-26

9. 生成第9段视频素材

01 保持图片素材不变，修改提示词"宫崎骏风格，镜头切换，小女孩爬到森林的高处，看着远方的夕阳，眼中闪烁着幸福的光芒"，如图8-27所示。

02 单击  按钮，稍等片刻，即可在右侧的列表中显示生成的视频，如图8-28所示。

图 8-27

图 8-28

03 播放视频，可以看到女孩子爬上山坡，在夕阳下眺望远方，如图8-29所示。

10. 生成第10段视频素材

01 打开"星空下的森林.png"素材，如图8-30所示。

02 上传图片，输入提示词"宫崎骏风格，固定镜头拍摄，周围暗了下来，没有阳光，小女孩抬头仰望璀璨的星空"，如图8-31所示。

图 8-29

 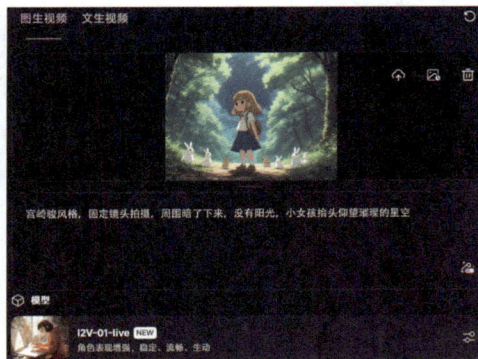

图 8-30　　　　　　　　　　　　　　　图 8-31

03 ▶ 单击 [🔘30] 按钮，生成视频。完成后播放生成的视频，随着播放进度向前推进，女孩子抬头仰望星空，如图8-32所示。

图 8-32

11. 生成第11段视频素材

01 保持图片素材不变，修改提示词为"宫崎骏风格，固定镜头拍摄，周围暗了下来，小女孩坐下来双手抱膝，抬头仰望星空"，如图8-33所示。

02 单击  按钮，等待片刻，即可在右侧的列表中显示生成的视频，如图8-34所示。

图 8-33

图 8-34

03 播放视频，可以看到画面中的女孩子坐到地上，双手抱膝，笑得眯起了眼睛，最后定格在睁着大眼睛的画面，如图8-35所示。

图 8-35

12. 生成第12段视频素材

01 截取上一节生成的视频的尾帧，保存为图片，如图8-36所示。

02 上传图片，输入提示词"宫崎骏风格，小女孩抬头仰望星空，镜头逐渐拉远"，如图8-37所示。

图 8-36 图 8-37

03 播放视频，可以看到画面中的女孩子抬头仰望星空，接着镜头逐渐拉远，如图8-38所示，最后淡出画面。

图 8-38

8.2.3 背景音乐生成

01 在海螺AI的主页单击"音乐"按钮，进入生成音乐的页面。输入歌名与歌词，如图8-39所示。

02 在"选择曲风"选项区域选择"雷鬼"曲风，选择曲目，如图8-40所示。

扫码看教学视频

03 单击"生成音乐"按钮，在生成的过程中试听音乐，如图8-41所示。

04 单击"看歌词"按钮，在打开的窗口中浏览歌词，如图8-42所示。

05 单击"下载"按钮 ⬇，下载音乐至计算机中保存。

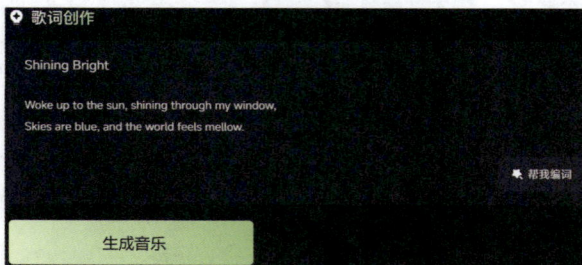

图 8-39   图 8-40

图 8-41

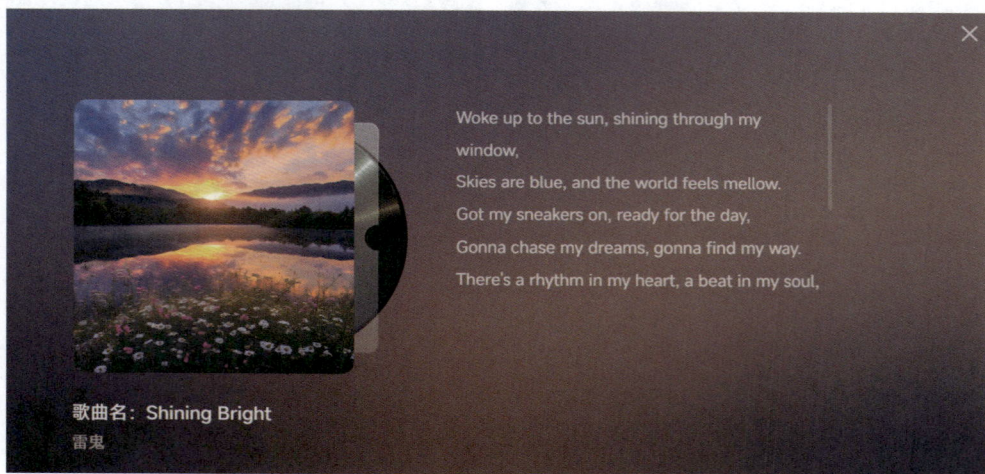

图 8-42

8.2.4　视频后期剪辑

　　本节会将在海螺AI中生成的视频素材与音频素材导入剪映，根据叙事情节进行剪辑，并添加特效与转场，完成视频的制作。

扫码看教学视频

1. 导入素材

01 启动剪映，在"素材"功能区单击"导入"按钮，如图8-43所示。

02 在打开的对话框中选择视频素材，单击"打开"按钮，导入素材，如图8-44所示。

图 8-43

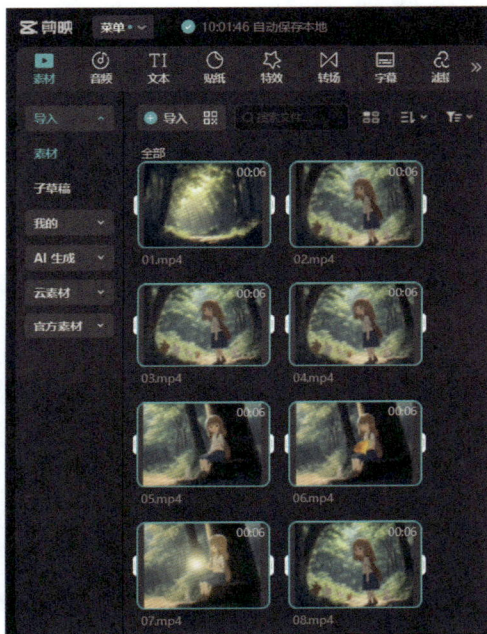

图 8-44

03 将视频素材拖拽至轨道中，编排结果如图8-45所示。

图 8-45

2. 添加特效

☐ *添加"拉镜开幕"特效*

01 单击"特效"按钮，选择"拉镜开幕"特效，如图8-46所示。

02 将特效添加至第1段视频素材的上方，如图8-47所示。

03 播放视频，观察"拉镜开幕"特效的效果，如图8-48所示。

图 8-46

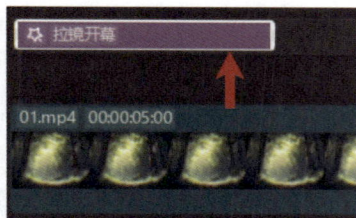

图 8-47

图 8-48

□ *添加"渐隐闭幕"*

04 在"特效"功能区选择"渐隐闭幕",如图8-49所示。

05 将特效添加至最后一段视频素材的上方,如图8-50所示。

图 8-49

图 8-50

06 播放视频，观看"渐隐闭幕"的效果，如图8-51所示。

图 8-51

3. 添加转场

❑ *添加"扫光"转场*

01 单击"转场"按钮，选择"扫光"转场，如图8-52所示。

02 将转场添加至两段视频的连接处，如图8-53所示。

图 8-52

图 8-53

03 播放视频，"扫光"效果最初显示在画面的右下角，接着逐渐向上移动，同时显示下一片段视频的画面，如图8-54所示。

图 8-54

☐ 添加"镜头速移"转场

04 在"转场"功能区选择"镜头速移"转场，如图8-55所示。

05 将转场效果添加至两段视频的连接位置，如图8-56所示。

图 8-55

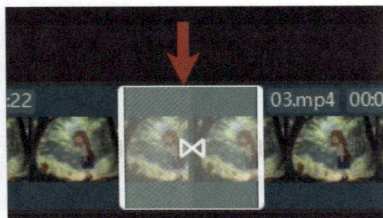

图 8-56

06 播放视频，可以看到画面在镜头高速移动的过程中显示为单纯的色块，色块逐渐转为清晰，汇聚成人物的轮廓，如图8-57所示。

图 8-57

☐ 添加"暧昧光晕"转场

07 在"转场"功能区选择"暧昧光晕"转场，如图8-58所示。

08 将转场效果添加至两段视频的连接处，如图8-59所示。

09 播放视频，画面变得模糊，柔和的光晕覆盖画面，逐渐转换成下一片段的视频画面，如图8-60所示。

图 8-58

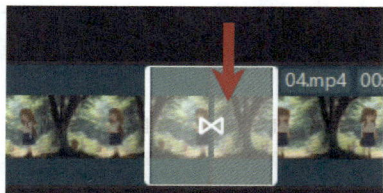

图 8-59

图 8-60

4. 添加背景音乐

在以下内容中介绍两种添加背景音乐的方式，一种是添加从外部导入进来的音频，另一种是添加剪映自带的音乐。

❑ *添加海螺AI生成的音乐*

01 单击"音频"按钮，然后单击"导入"按钮，如图8-61所示。

02 在打开的对话框中选择音频文件，单击"打开"按钮，导入音频，如图8-62所示。

03 将音频拖拽至下方的轨道中，复制一份，调整音频的长度，使其与视频几乎等长，如图8-63所示。

图 8-61

图 8-62

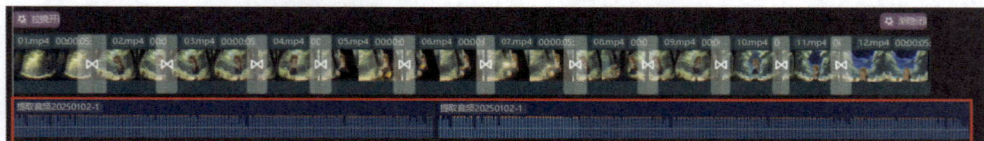

图 8-63

□ 添加剪映自带的音乐

04 在"音频"功能区单击"音乐库"按钮，在列表中选择音乐，如图8-64所示。

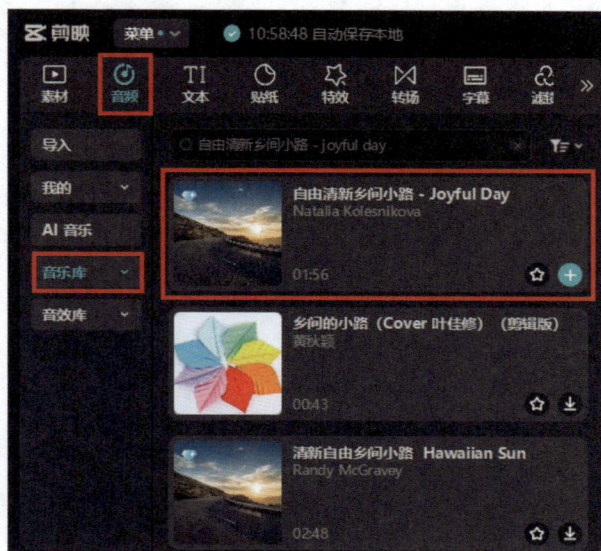

图 8-64

05 将音乐添加至轨道中，暂时静音其他音频，以免影响播放效果，如图8-65所示。

图 8-65

5. 添加文本

01 单击"文本"按钮，在"文字模板"选项卡中选择文本，如图8-66所示。

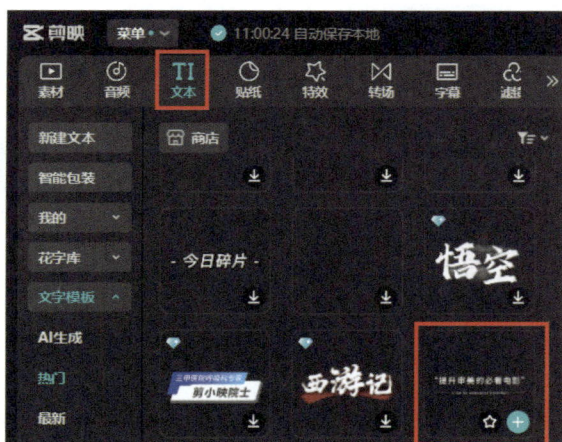

图 8-66

02 修改文本内容，并调整文本的位置，如图8-67所示。

图 8-67

03 复制文本，在界面右侧设置文本的内容与字体样式，如图8-68所示。

04 再次添加文本，如图8-69所示。

05 播放视频，查看添加文本后画面的显示效果，如图8-70所示。

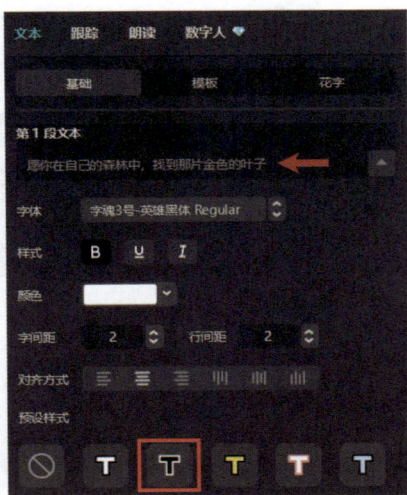

图 8-68

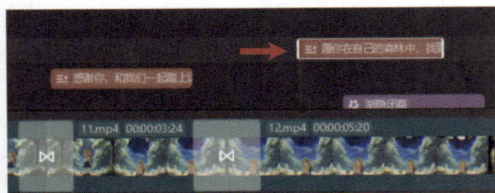

图 8-69

图 8-70

6. 导出视频

01 单击右上角的"导出"按钮，如图8-71所示。

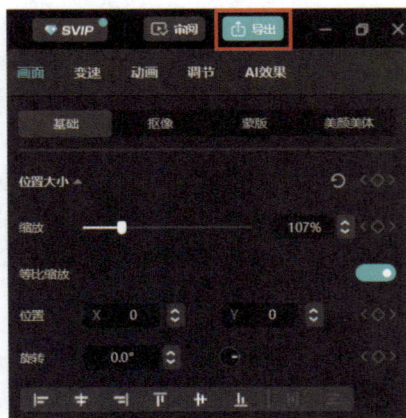

图 8-71

02 在打开的对话框中设置视频名称与保存路径，选择分辨率，激活"补分辨率"选项，单击"导出"按钮，如图8-72所示，即可导出视频至指定的位置。

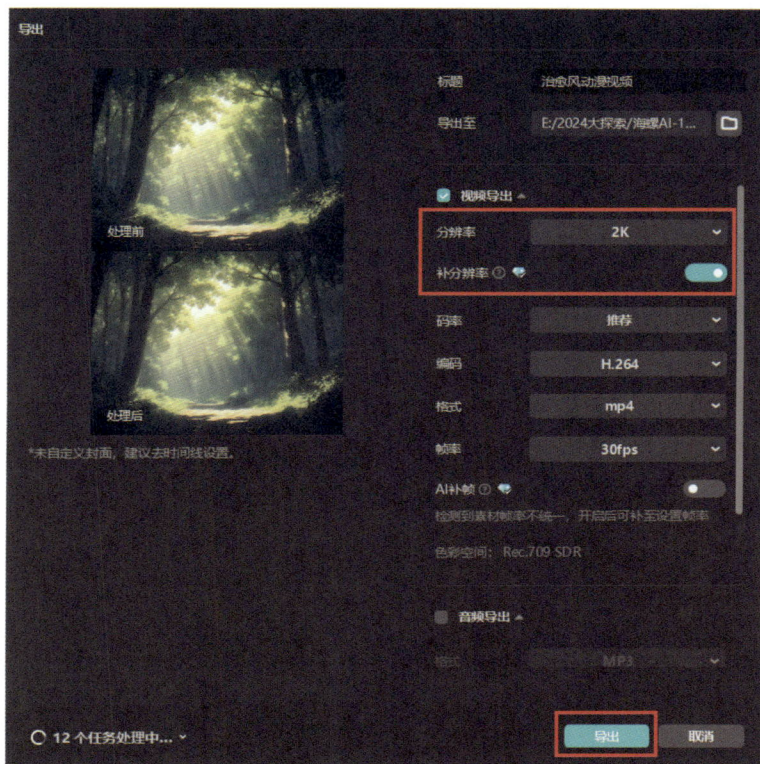

图 8-72